美容与养生空间

编著: LinksBooks
译者: 广州市唐艺文化传播有限公司

cns | 湖南美术出版社

图书在版编目（C I P）数据

美容与养生空间 / (西) 布鲁托编著 ; 广州市唐艺文化传播有限公司译. -- 长沙 : 湖南美术出版社,2013.11
ISBN 978-7-5356-6702-1

Ⅰ. ①美… Ⅱ. ①布… ②广… Ⅲ. ①美容院－建筑设计 Ⅳ. ①TU247.6

中国版本图书馆CIP数据核字(2013)第286668号

美容与养生空间

出 版 人：李小山
编　　著：LinksBooks
译　　者：广州市唐艺文化传播有限公司
责任编辑：范　琳
流程指导：陈小丽
策划指导：高雪梅
翻　　译：王艳丽
装帧设计：黄惠敏
出版发行：湖南美术出版社
（长沙市东二环一段622号）
经　　销：新华书店
印　　刷：上海锦良印刷厂
开　　本：1000×1214　1/16
印　　张：15
版　　次：2014年3月第1版　2014年3月第1次印刷
书　　号：ISBN 978-7-5356-6702-1
定　　价：238.00元

邮购联系：020-32069500
邮　　编：510630
网　　址：www.tangart.net
电子邮箱：info@tangart.net
如有倒装、破损、少页等印装质量问题，请与印刷厂联系调换。
联系电话：021-56519605

美容与养生空间

· 健身俱乐部

· 养生中心

· 美容院

· 温泉浴场

· SPA

· 发廊

· 沙龙

目录

简介

进入21世纪，现代社会越来越趋向于被速度和压力所定义。为了缓解人们的忙碌，SPA和健身俱乐部成为现代生活的常规特色。在这些地方，人们可以暂时摆脱他们日复一日的繁忙生活，享受各种丰富的体验，得到放松。尽管目前经济发展迅速，养生和美容建筑仍然是一个新兴的、年轻的产物。它以很快的速度增长，在产品和服务方面日趋完善，来满足人们日益增长的生活需要。

当代优秀的建筑师们越来越喜欢挑战各种养生和美容中心的设计，旨在创造全方位的休闲和放松的体验空间。自然采光、颜色、材料和质地以多种形式结合在一起，创造一种与中心宗旨相一致的美。每一个中心都有自己的特色，但是它们却有一个共同的目标——提供一种独一无二的休闲体验，达到身心的平衡。这种平衡在空间氛围，设计和整体的协调性上都有所表现。顾客一旦进入空间，五种感官都会得到激活。其实建筑师们从有了设计概念开始，他们的感官也得到了激活。

养生和美容中心项目以增长的速度出现在人们的生活当中。其中不乏有现代建筑中最优秀的作品，也有一些是国际建筑大师的作品。他们利用优质的资源来创造一个宁静的空间。

微粒子SPA

意大利，米兰

设计：Simone Micheli

摄影： Jürgen Eheim
灯光设计：Simone Micheli
客户：Boscolo Hotels
面积： 500平方米

微粒子SPA是一个让人惊异的复杂综合体——接待区、走廊、男士和女士更衣室、治疗室、桑拿房、土耳其式浴室、淋浴室、休闲室以及带有漩水按摩的大型浴池，SPA内的每一个区域都能让客人立刻放松平静下来，开始奇妙的梦幻之旅。

白色的接待处尤其醒目，在五彩灯光的衬托下，更显示出梦幻之美，让顾客们进入爱丽丝的梦游仙境。透过窗户，客人可以看到休闲室内柔和的灯光以及雕刻的墙面。

进入SPA室内，客人会立刻放松下来，而且精力充沛。治疗室内不均匀的石板地面，陈列柜以及白色的架子优雅不凡。而水龙头，入口门上的图案，门把手以及壁柜的门都采用了活泼的绿色。

在走廊的尽头就是养生中心。在这里，天花板上的液状微粒子是由镀铬的塑料做成的，越是靠近游泳池，这些微粒子看起来越像是欲破的水泡，闪闪发光。蜿蜒的"树"分布在游泳池的周围，长长的"胳膊"看起来就像是漂浮在空中一样，这样独特的视觉效果会给客人留下深刻的印象。两个圆形的天窗点缀着屋顶，一个大型的花洒用蓝色的LED灯装饰，很是特别。

四个淋浴设施位于游泳池的边上。制冷机位于其中一棵"树"的凹处。桑拿房和土耳其式浴室成线形排开，不仅为SPA中心区域创造了一个完美的背景，而且让SPA室内一目了然，避免了空间设计的局限。

设计师Simone Micheli对组合性和创意性技术的研究在微粒子SPA的设计想法中有所表现，而他的研究与想法受到了Van de Velde和Gropius的影响。Van de Velde对建筑空间的定义十分痴迷，Gropius主张将艺术融入到工业制造中。

auty inspires wonderful thoug

wonderful

beauty inspires wonderful thougths

设计师Simone Micheli将微粒子SPA构思成一个被施了魔法的世界。在这里，客人可以重新找他们的各种感官。

平面图

1. 游泳池
2. 淋浴设施
3. 休息区
4. 接待区
5. 小屋
6. 蒸气浴
7. 桑拿房
8. 男士更衣室
9. 女士更衣室

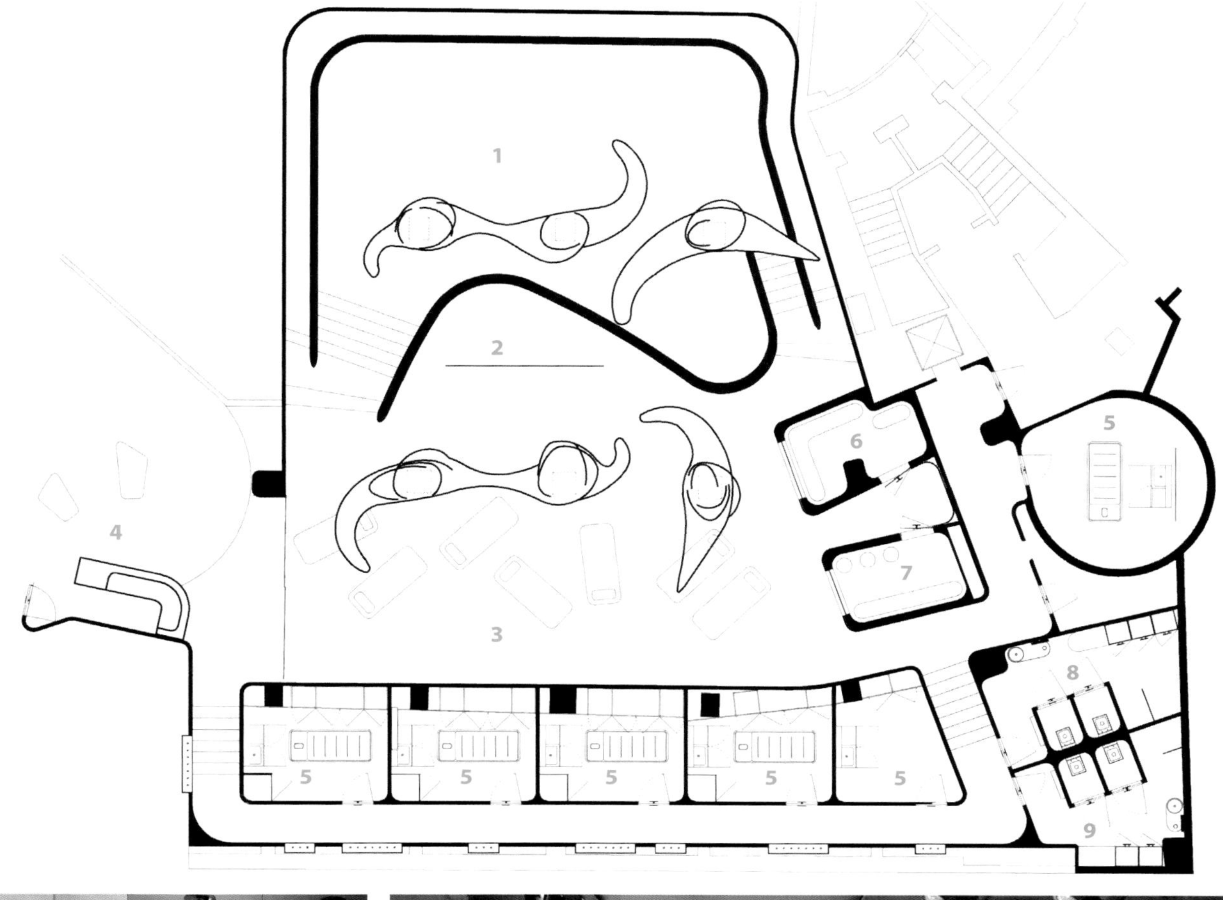

showe

showe

Cristiano Cora沙龙

美国，纽约

设计：Avi Oster

摄影：Mikiko Kikuyama
客户：Cristiano Cora
面积：400平方米

这个沙龙设计的目的在于平衡现代建筑和美发行业相对比较普遍的需求。设计中的流畅与运动元素注重现代的简单要领，而空间功能强大，能够给顾客带来舒服的、全新的美发体验。

设计师Avi Oster试图找到一种新的本质或概念贯穿到沙龙中，并利用极简主义来表达这种概念。一如设计师其他的作品，这个项目虽极具挑战性，但是却是一个成功。主要原因在于设计师找到了一个极好的解决办法——用简单的方式表达潜在的奇特的想法。

本案的设计目的原本是创造一个能够吸引女性的空间——拥有完美的曲线美，干净、时尚而舒服。最终的设计想法来源于贝壳或洞穴：一个完整的个体，舒服而具有保护功能。在室内，所有的设计元素干净而利落，尽量剔除掉所有的分心的元素，集中并完善了顾客和发型师的体验。例如，洗发区和干发区是分开的，并且隐藏在门后。

顾客的体验是沙龙设计的主要重心，在本案中更是得到丰富的体验。顾客的体验必须是渐变的，而极简的设计能够让顾客注意到自己的感官和体验上的递变。当进入这个沙龙，顾客就进入了一个受保护的空间，开始了丰富的体验——放松、舒服、宁静。

本案设计中运用了Newmat照明伸展型天花。这种天花起源于法国，由乳胶构成，能够覆盖很大的面积，而且可以成为室内的皮肤。

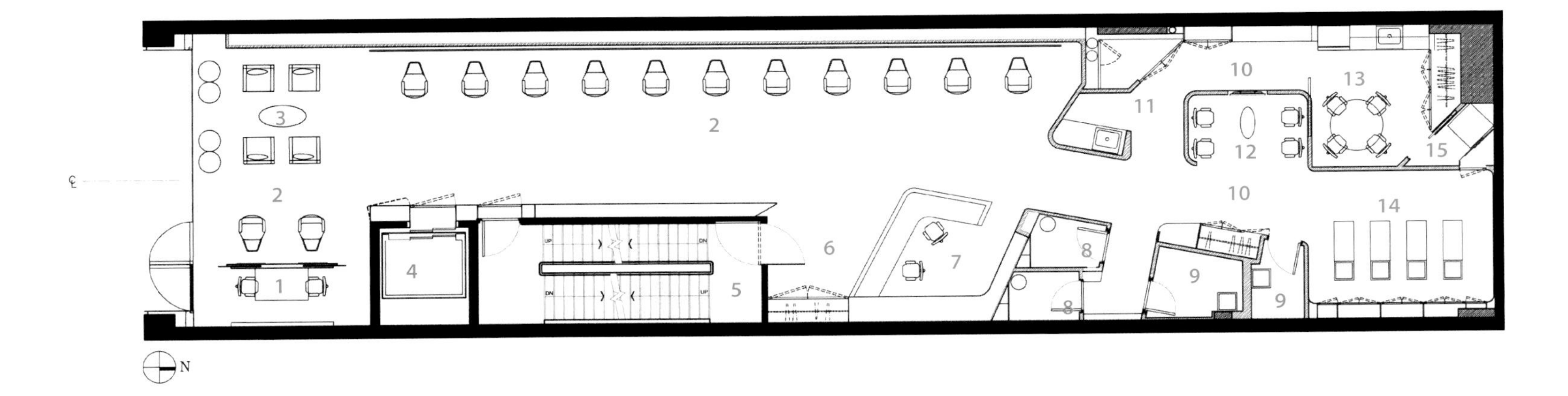

1. 办公室
2. 造型室
3. 等候区
4. 电梯
5. 门厅
6. 入口
7. 接待区
8. 更衣室
9. 洗手间
10. 走廊
11. 染色室
12. 干发室
13. 员工室
14. 洗发室
15. 洗衣室

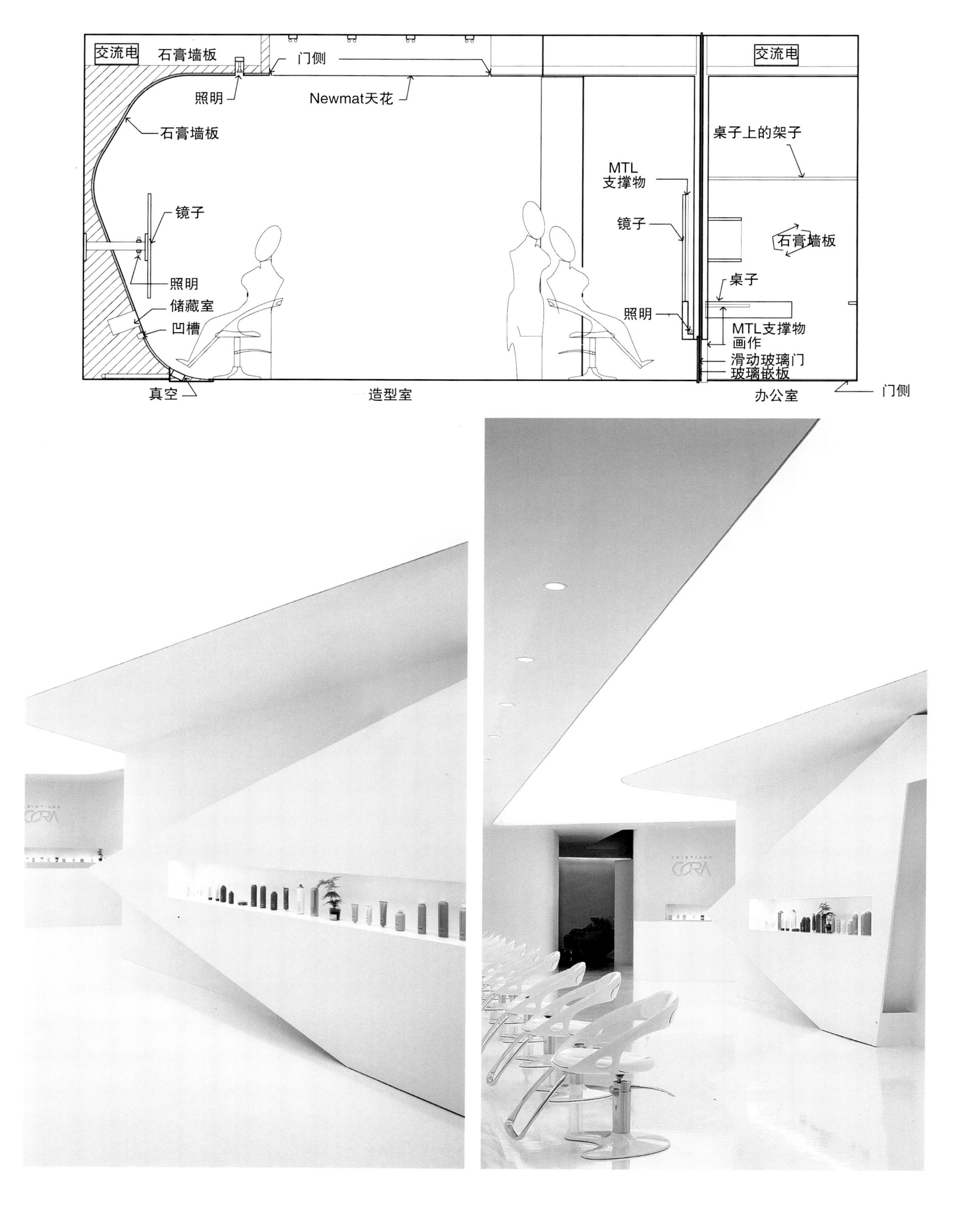

交流电
石膏墙板
门侧
照明
Newmat天花
石膏墙板
镜子
照明
储藏室
凹槽
真空
造型室
交流电
桌子上的架子
MTL
支撑物
镜子
石膏墙板
桌子
照明
MTL支撑物
画作
滑动玻璃门
玻璃嵌板
办公室
门侧

B.Institut美容院

法国，瓦纳

设计：Trust in Design

摄影：Trust in Design
项目工作组：Joran Briand
合作：B.Institut

这个美容院位于法国西海岸的旅游城市瓦纳。遵循品牌的精神——自然美和有机产品，设计师不仅设计了室内空间，而且也设计了LOGO和名片。整个美容院设计的创意之处在于优雅的家具和柔和的灯光，散发出浓浓的好客之情。设计想法意在巩固品牌，利用一系列时髦的元素和创意的想法，将现代气息融入到室内。墙体由明亮的彩绘装饰，而主入口的木制接待台显得更加亲切。
大型的山毛榉展示柜台用于展示最新的美容产品，而且有暗格，功能强大。紧贴在窗户上的是用电脑数控做成的仿树枝，强调了美容院推崇自然美以及有机产品。

Institut de
Stéphanie
Tél: 02 97 4
Horaires d'ouvert
lundi de 13h à 18
mardi au vendred
samedi de 9h30 à
(avec ou sans RDV

b.institut
31

b.institut

b.institut

Institut de beauté mixte
Stéphanie Bonnet
Tél: 02 97 47 87 55
Horaires d'ouverture:
lundi de 13h à 18h
mardi au vendredi de 9h30 à 18h30
samedi de 9h30 à 12h30
(avec ou sans RDV)

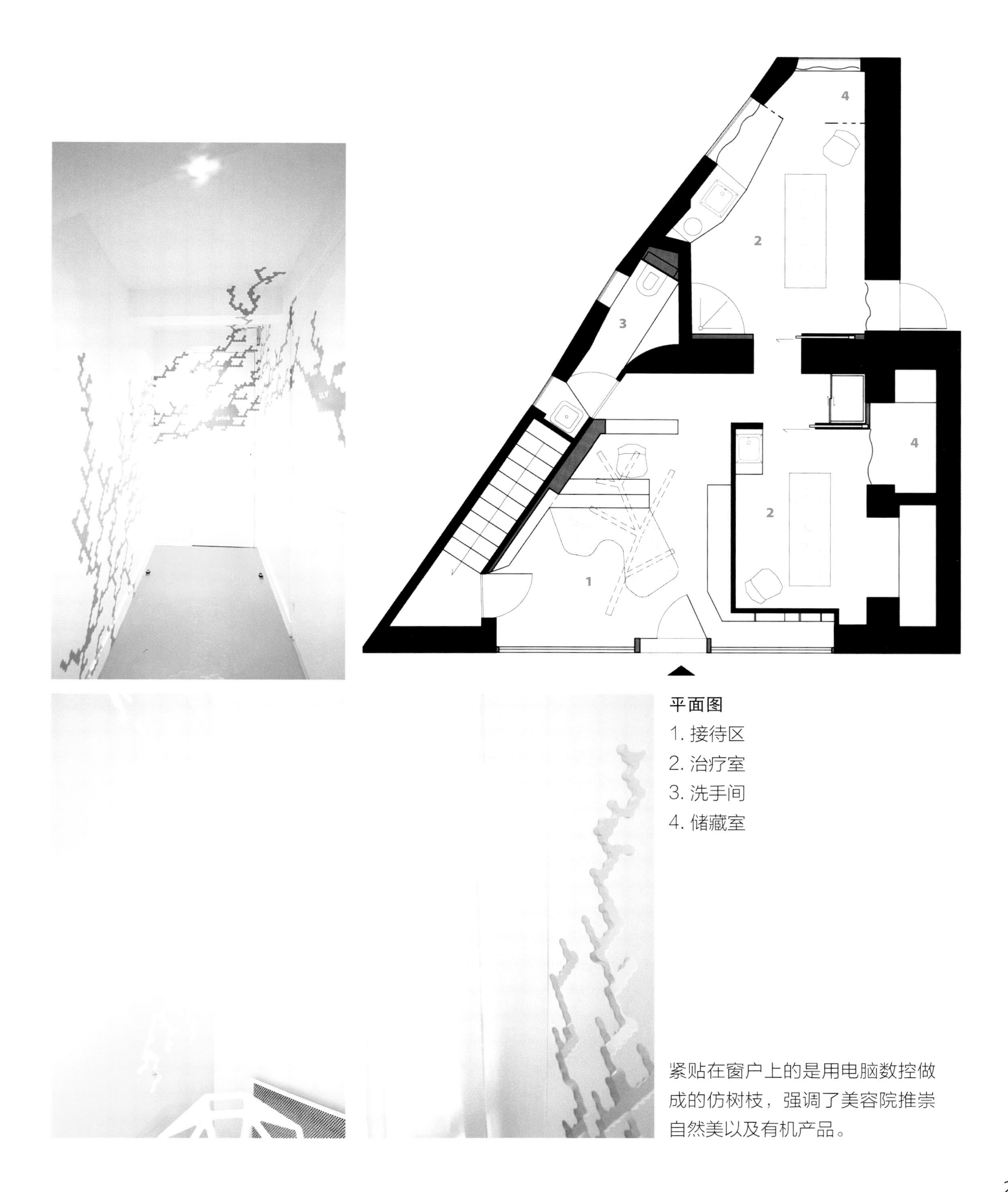

平面图

1. 接待区
2. 治疗室
3. 洗手间
4. 储藏室

紧贴在窗户上的是用电脑数控做成的仿树枝，强调了美容院推崇自然美以及有机产品。

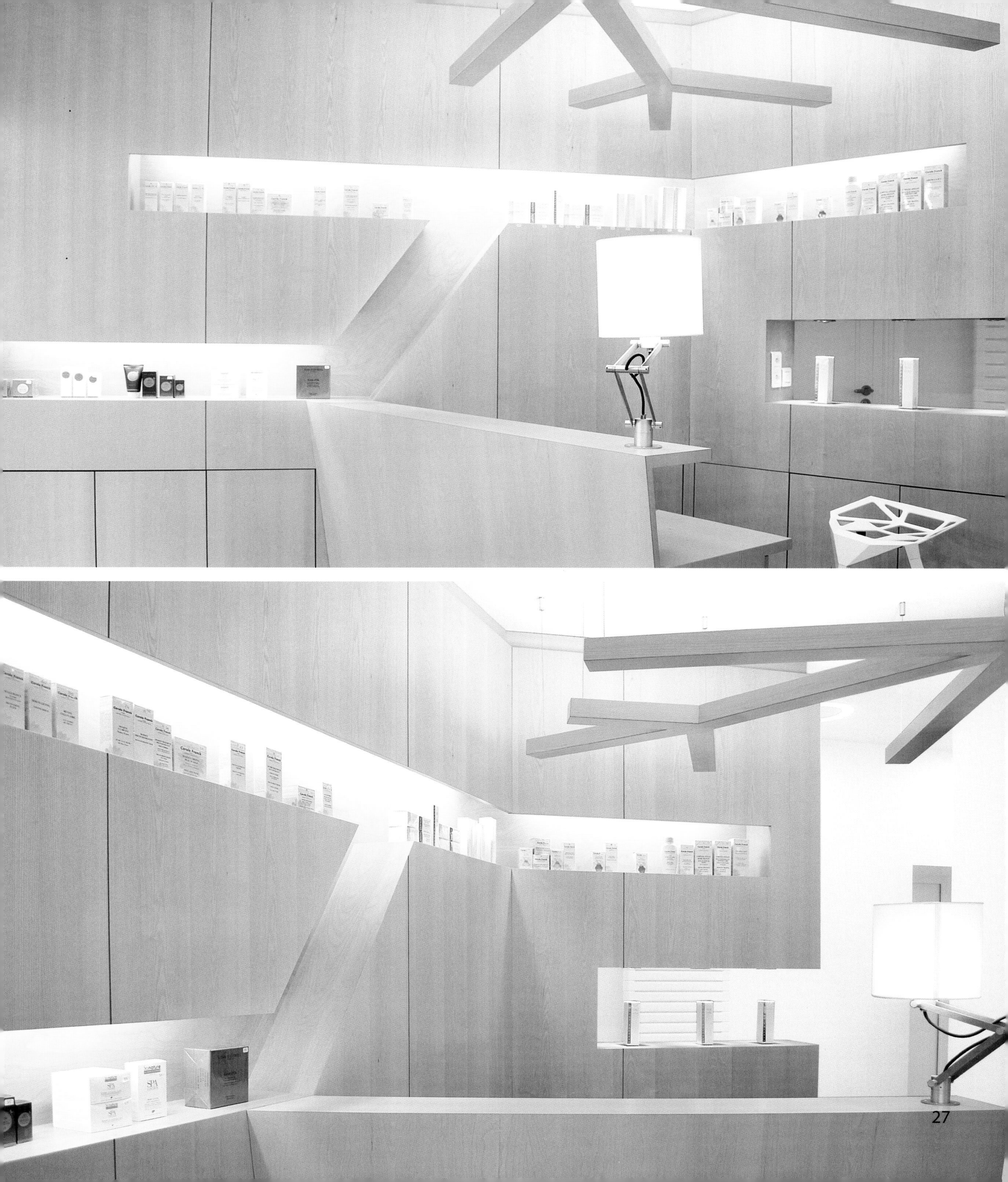

Revel SPA

美国，加利福尼亚州，旧金山

设计：Jiun Ho

摄影：Jiun Ho
面积：3 580平方米

设计师委任利用有限的预算创造一个奢华的、现代的SPA，而且要有创意。偶然拾得的天然艺术品和移植的亚洲建筑古器物不仅向整个空间注入越南传统文化，而且往极简抽象空间中增加了历史的元素。
混凝土框架依然采用白浆和填隙材料。这种极简的方法创造了视觉上的开阔性，而且突出了艺术品和定制的家具。一进入SPA，客人就能立即感受到这种极简抽象主义。接待台是用回收的木头制作的，给人一种漂浮的感觉，接待台上方古式的鸟笼很是特别，同样的设计也出现在服务区域。桌子、背景墙和顶棚镶板融合成一个连续的结构。这种浮式结构不仅在视觉上，而且在空间中都能让顾客耳目一新。十字形的顶棚镶板是由回收的木头制作的。一股水从二楼处落入一楼的钟形的容器里。抽象的鸟雕塑似乎欲从墙体逃脱出来，为治疗室的走道增添了动感。浸浴室采用了殖民时期风格的木护墙板，质感丰富。
从建筑到氛围，从简单的历史元素到复杂的室内设计，Revel Spa成为旧金山诱人的、让人放松的一角。艺术和细部设计反映出河内的精神，越南文化中心的丰富历史和最新的休闲方式融合在一起，为客人创造了一个独一无二的，净化心灵的地方。

接待台是用回收的木头制作的，给人一种漂浮的感觉，接待台上方古式的鸟笼很是特别，同样的设计也出现在服务区域。桌子，背景墙和顶棚镶板融合成一个连续的结构。

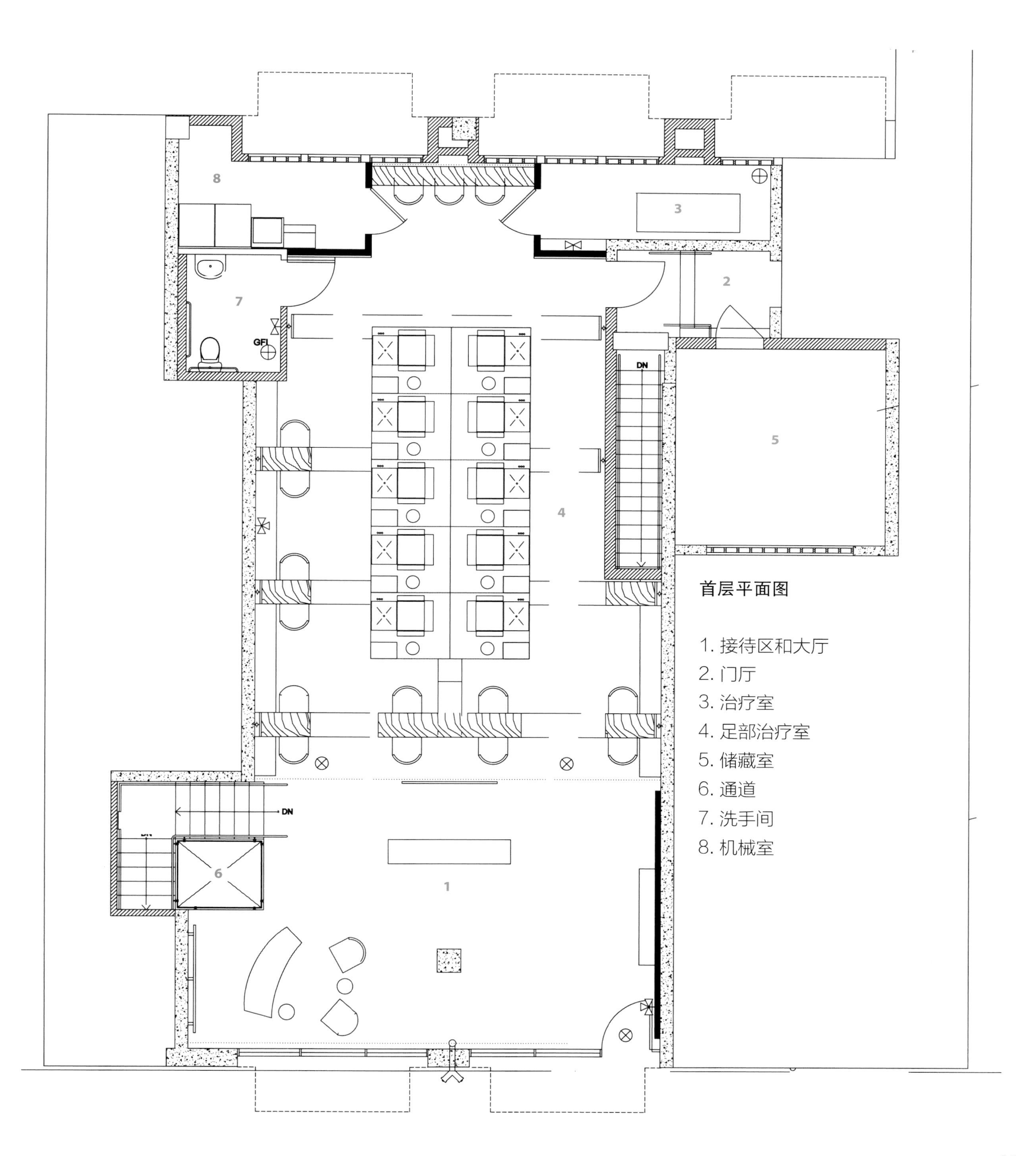

8
3
2
7
GFI
DN
5
4
DN
6
1
首层平面图
1. 接待区和大厅
2. 门厅
3. 治疗室
4. 足部治疗室
5. 储藏室
6. 通道
7. 洗手间
8. 机械室

浸浴室采用了殖民时期风格的木护墙板，质感丰富。

一层平面图

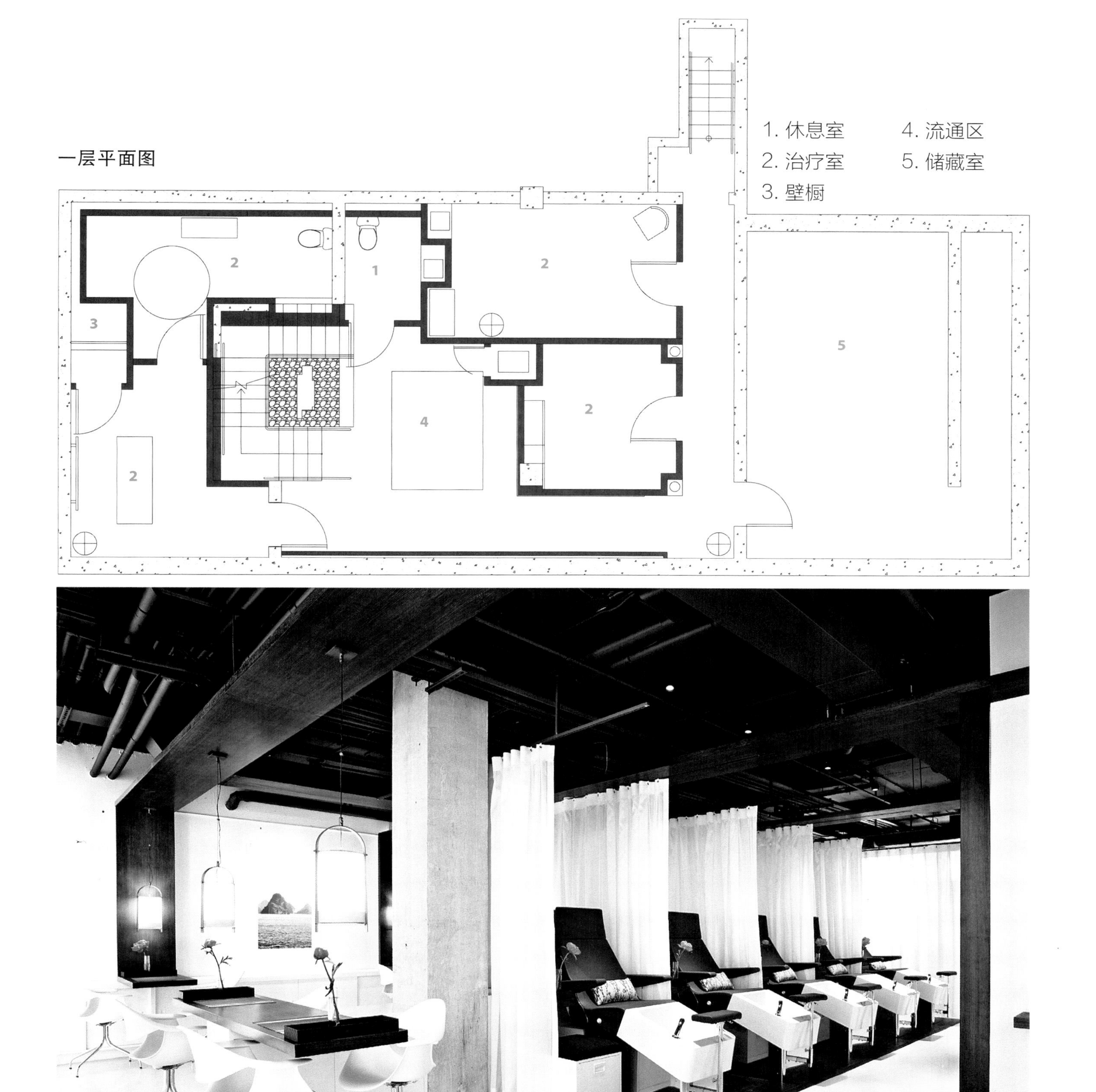

1. 休息室
2. 治疗室
3. 壁橱
4. 流通区
5. 储藏室

偶然拾得的天然艺术品和移植的亚洲建筑古器物不仅向整个空间注入越南传统文化，而且往极简抽象空间中增加了历史的元素。

ERIC沙龙

中国，北京

设计：GRAFT

摄影： Yang Di, GRAFT Berlin
客户： Eric Paris
面积： 580平方米

改造后的ERIC沙龙不仅增加了二楼，而且一楼和二楼的连续性很强。二楼主要是剪发区，一楼主要包括入口，零售区以及接待区。

设计师采用了一种连续的、流畅的楼梯，创造了一个连接两层楼的垂直“猫道”。同时，这个“猫道”也是整个空间的中心轴，连接着各个功能区域。楼梯环绕而上，慢慢形成一个护墙板，然后在两层楼交界处形成一个封闭的走廊，一直延伸至二楼。楼梯的内侧是由彩色的金属板构成的，与沙龙鲜明大胆的指甲油颜色相辅相成。外侧是由抛光的不锈钢板构成的，路过的人可以在里面看到自己失真的图像。指甲和足部护理室成敞开状，这样客人就可以看到来来往往的人。而隐秘的治疗室提供更多的私人空间。皮制的墙壁，定制的按摩台，让客人甚感舒心。

二层平面图

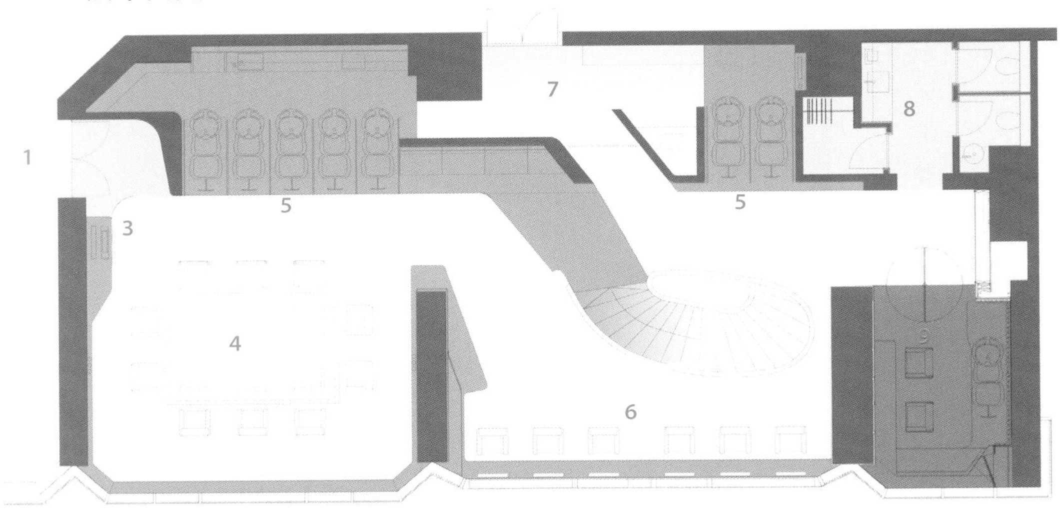

夹层平面图

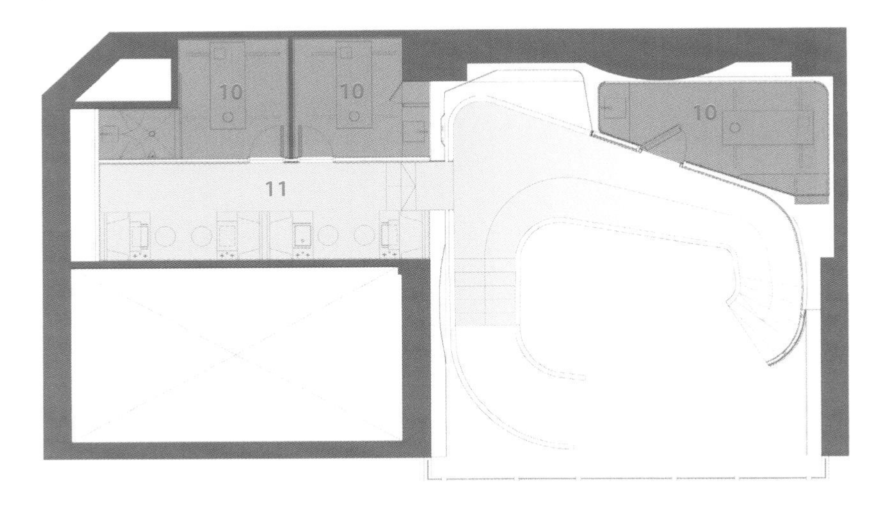

一层平面图

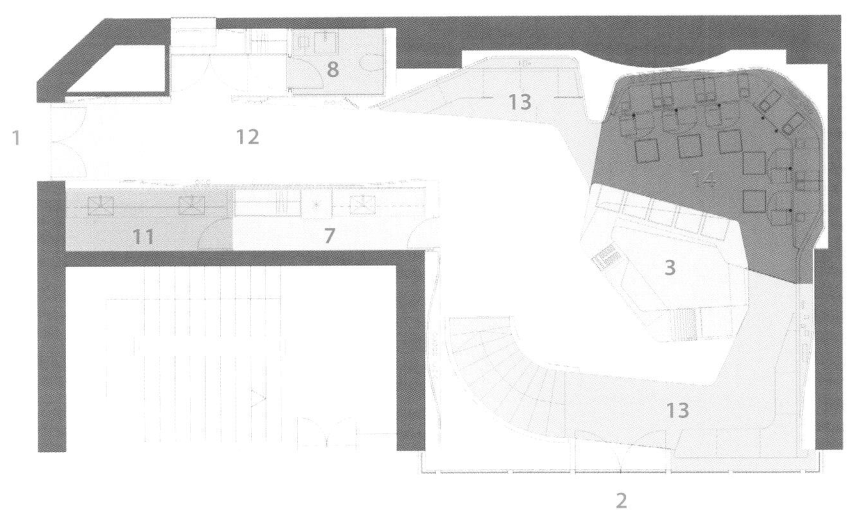

1. 入口
2. 主要入口
3. 接待区
4. 服务台和公共区域
5. 洗发区
6. 剪发区
7. 员工区
8. 洗手间
9. VIP室
10. 美容室
11. 足部护理室
12. 零售区
13. 等候区
14. 指甲护理区

爱丽克·巴黎

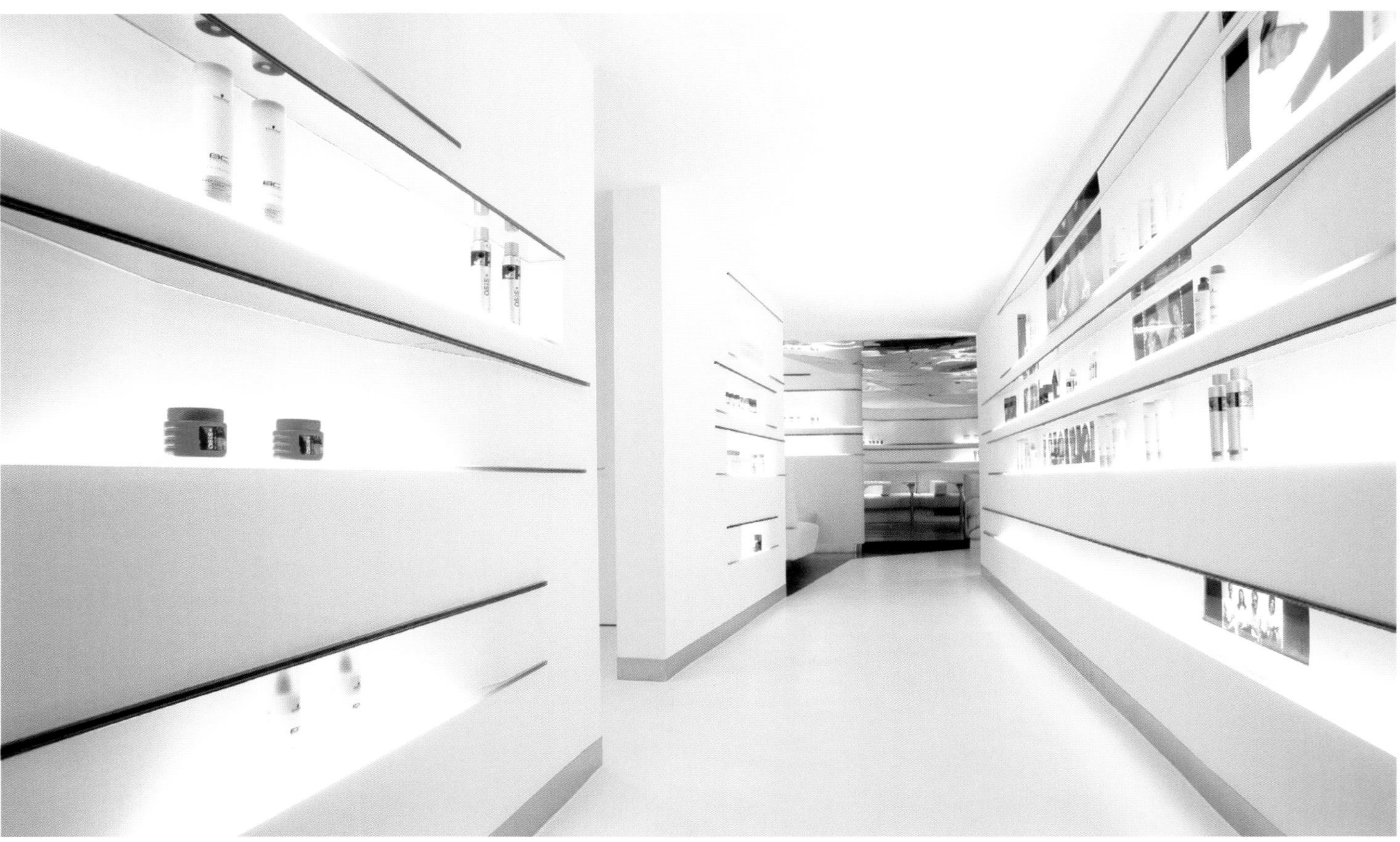

ARKHE美容院

日本，千叶市

设计单位：Moriyuki Ochiai Architects / Twoplus-A

摄影：Atsushi Ishida (Nacasa & Partners)
设计师：Moriyuki Ochiai
施工：Kitai Corporation+Deecs
分包商：Seieidensetsu
客户：Beauty Studio Therapy
面积：120平方米

ARKHE代表一个古老的信仰——水是万物之源。所以，水就是这个美容院的设计主题。

整个空间的魅力主要表现在材料的运用上。铝材料的运用创造出不断变化的灯光，类似于水面上的阳光。

可回收利用的铝片表现了水和头发的流动之美，而且反射出柔和的欢快的灯光，为整个空间增添了优雅的曲线。而且，每个区域的铝片的曲线形状不一，在功能和氛围上都与各区域相匹配。剪发区的曲线柔和，天花很高；中部的通道，人流量较大，所以通道的高度不一；等候区的天花是最矮的。

墙面采用银色，模仿水面上的波光粼粼。在白天，美容院的白色灯光非常明亮；到了晚上的时候，灯光就变成了更有情调的蓝色和紫色。

以水为设计主题的美容院势必独一无二，吸引更多的客人。

CoCo
Arkhe

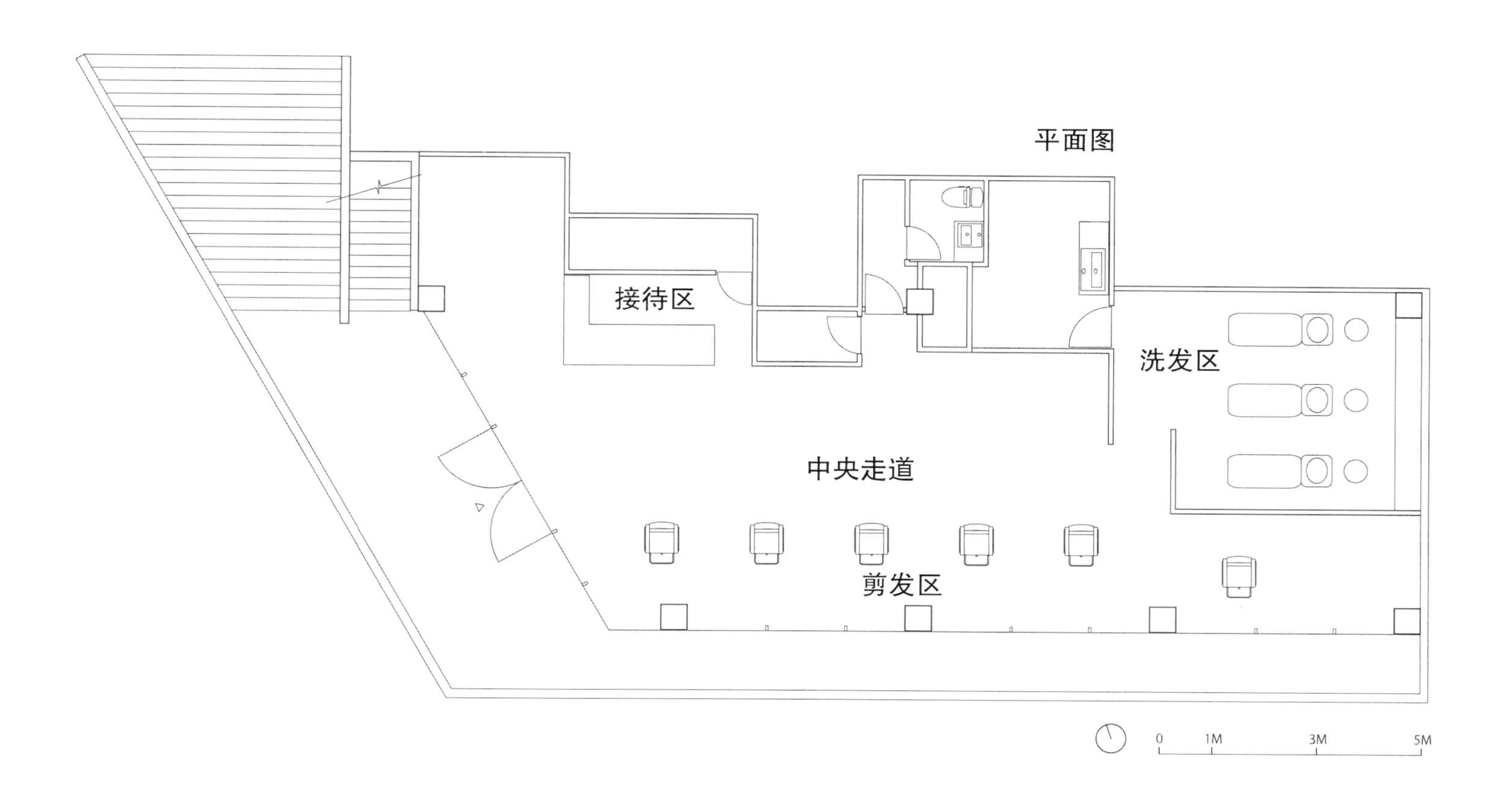
平面图
接待区
洗发区
中央走道
剪发区
0
1M
3M
5M

铝片天花让整个空间变得新颖特别。在设计的时候，考虑到地址如有变迁，这些铝片便于拆卸和重组。

Barbara Reichard美容院

奥地利，维也纳

设计：Architect DI Heinz Lutter

摄影：Albert & Schwentner, Rupert Steiner
设计团队： DI (FH) Florian Roedl, DI (FH) Tanja Marben
建模：DI (FH) Florian Roedl, DI (FH) Tanja Marben, BA Justus Wuensche
灯光设计：Christian Ploderer
结构工程：Froehlich & Locher ZT GesmbH
客户：Frisuren & Schoenheitswerkstatt Barbara Reichard

这个美容院位于金斯基宫——维也纳的历史中心。
美容院主要包括三个空间：入口接待区，造型区和治疗室。入口接待区有一个曲线的柜台，墙壁上有很多内格，放置了各种美容产品。造型区有12个造型位子，在尽头有一个洗发区。
造型区设计很独特，一片金色的叶子贯穿其中，看起来，高贵而优雅，很符合美容院的品牌风格。金色的叶子起伏变化，将12个散乱的造型位子分离在两边。这样，每个位子的空间大小都不一样，而且也没有阻挡整个空间的视线，而是将整个空间的焦点聚于此，并与尽头的洗发区区分开来。
洗发区按照严格的长方形布局，地面颜色递变，上方的玻璃念珠尤其能吸引人注意。治疗室位于中心空间后端的一扇门之后，墙面由黑色的原木层压板覆盖，让人得到心灵上的安慰。美容院的外部简单而利索，无框玻璃门，白色的墙面，看起来结实而优雅。

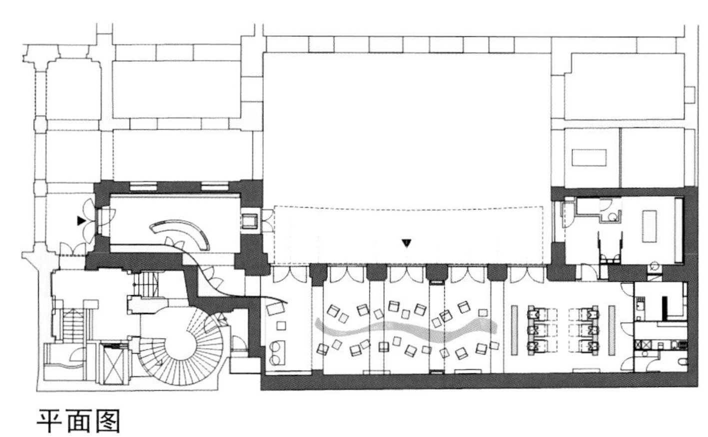

平面图

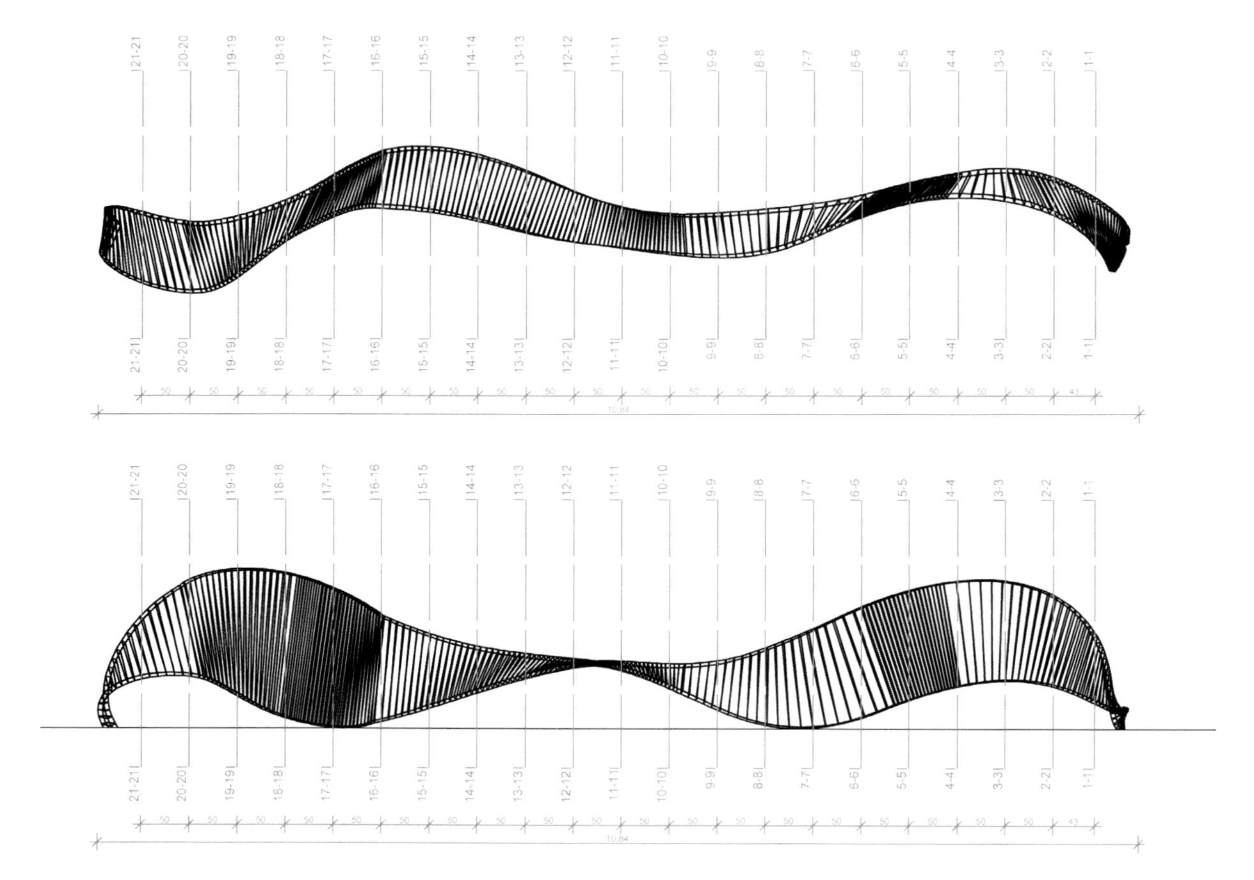
21-21
20-20
19-19
18-18
17-17
16-16
15-15
14-14
13-13
12-12
11-11
10-10
9-9
8-8
7-7
6-6
5-5
4-4
3-3
2-2
1-1

洗发区按照严格的长方形布局，地面颜色递变，上方的玻璃念珠尤其能吸引人注意。

Sky养生中心

塞尔维亚，贝尔格莱德

设计： 4of7 Architecture

摄影：Ana Kostic
设计团队：Djordje Stojanovic, Vlada Pavlovic
面积：1 100平方米

大约35年前在贝尔格莱德海滨有一个地标性的建筑，建筑原本是一个饭店，作为一个公共的娱乐中心。虽然曾一度辉煌，但是在20世纪90年代的时候落魄最终倒闭，往后15年无人问津，荒废得厉害。

不管是在建筑上，还是在结构上，这个养生中心都很吸引人。建筑的主要体量呈三角形，离地面有15米高，下面是人行步道。整个建筑由体量的核心支撑着，这个核心包括两部升降机和一个双螺旋楼梯。悬臂向外延伸大约12米，让整个建筑看起来像是悬浮在空中。

混凝土地面和天花板在设计上没有多大的连续性，但是整个建筑的外部和室内连续性良好——整个建筑由长达150米的整块玻璃包裹着。这样，在任何一个位置，都可以一览多瑙河及其周围的美景。

建筑原本是设计成等边三角形的，这主要是出于布局和结构上的规则性考虑。但是出于改建的考虑，最终确定天花才是空间上的表现重点。天花上390多个几何变化图案，让整个空间光彩照人。

主要体量呈三角形，离地面有15米高，下面是人行步道。整个建筑由体量的核心支撑着。

天花是空间上的表现重点，天花上390多个几何变化图案，让整个空间光彩照人。

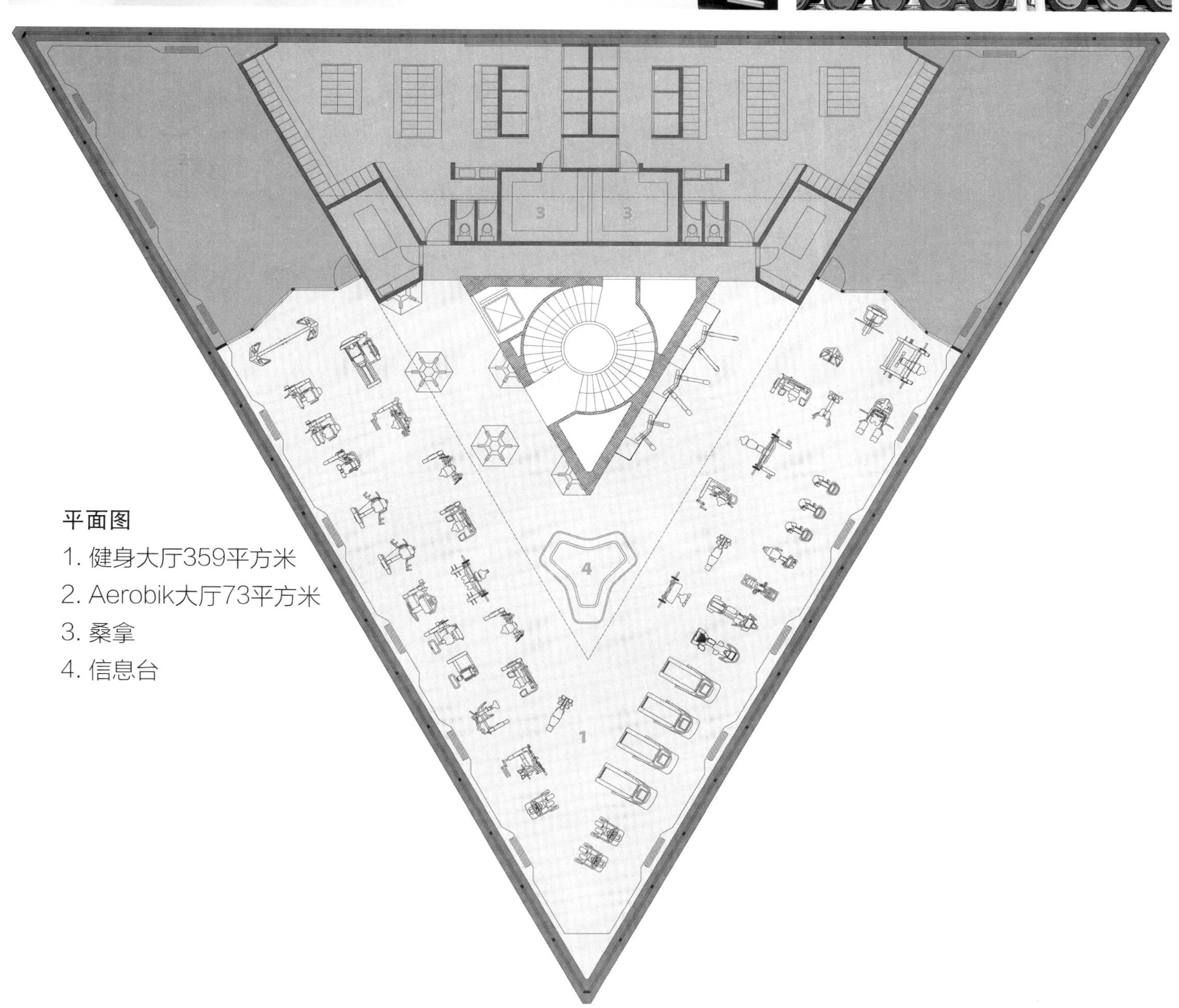

平面图

1. 健身大厅359平方米
2. Aerobik大厅73平方米
3. 桑拿
4. 信息台

SELECTION
WAVE
WAVE

天花平面图

天花研究模型180度

天花研究模型360度

天花研究

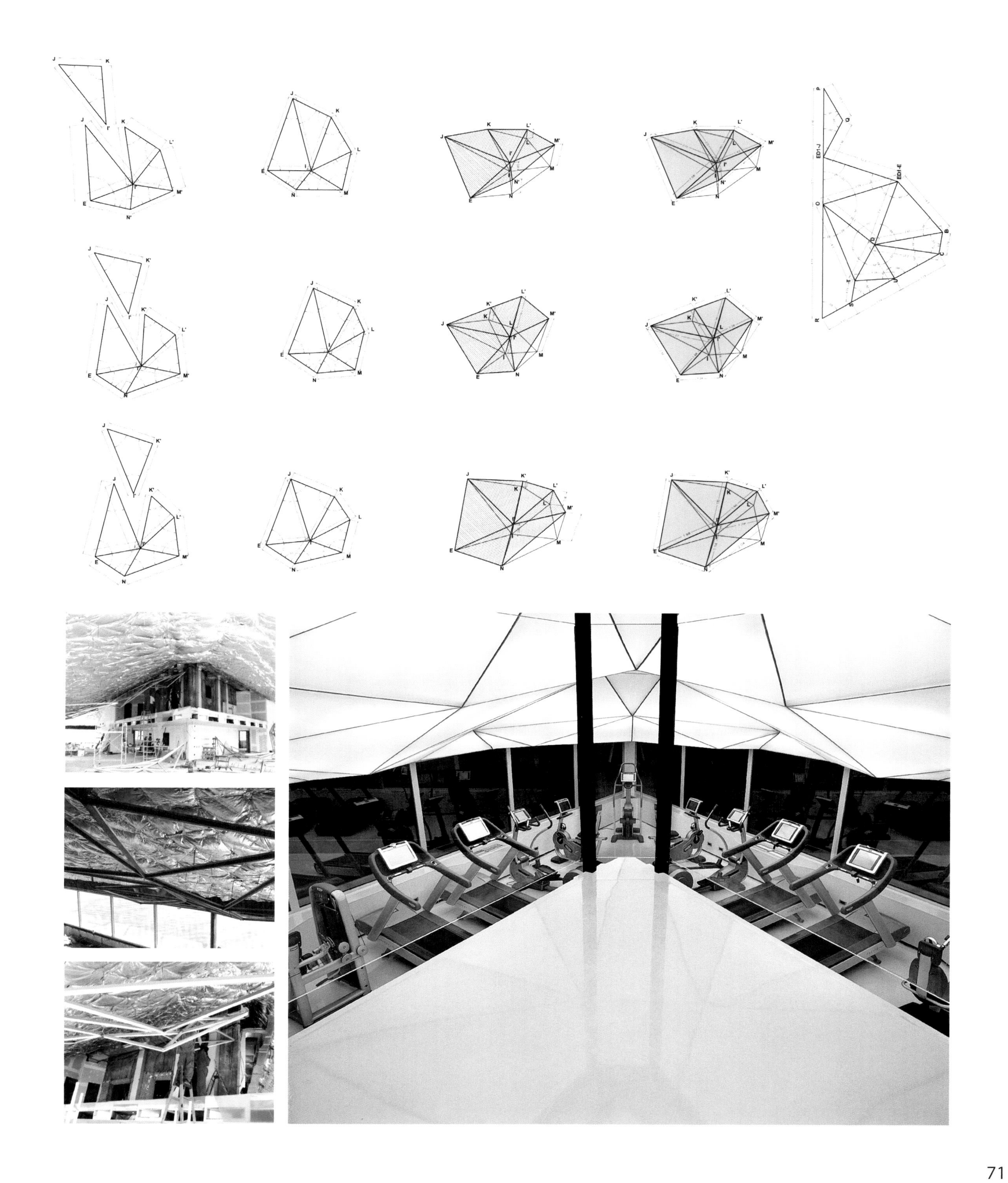

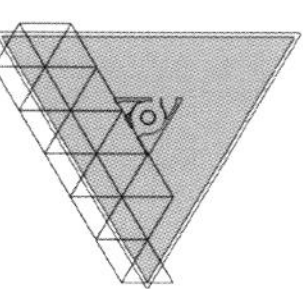

RUN
FOR
YOUR
LIFE.

佳丽宝纤细精选SPA

瑞士，茵特拉肯

设计单位：Curiosity

摄影：Nacasa & Partners
设计师：Gwenael Nicolas
客户：Kanebo Cosmetics Inc.
面积：242平方米

进入SPA，便开始了奇妙的感官邂逅之旅。复杂中孕育出的简单，二者的微妙平衡，便是日本的审美视角。

整个设计以Koishimaru丝绸为本，代表了SPA的品牌核心价值。丝绸一层又一层，一排又一排，创造出一种漂浮的感觉。光线柔和，光晕被撕下一层又一层。人的身心在这里得到安宁。中心的等候室被设计成蚕茧的形状，而灯光依然柔和，让客人在等候的过程中身心亦得到放松。

走廊的暗色和治疗室内柔和的灯光形成对比，设计想法来源于极简主义以及对大自然的尊敬。相互交错的纤维构成了一堵照明墙，空间消失了，人的心灵得到放飞。

光线或反射，或折射，或漫射，创造出丰富的感官感受。空间、材料、灯光融为一体而无形，人的身体与心灵也合一。

光线柔和，光晕被撕下一层又一层。
人的身心在这里得到安宁。

平面图

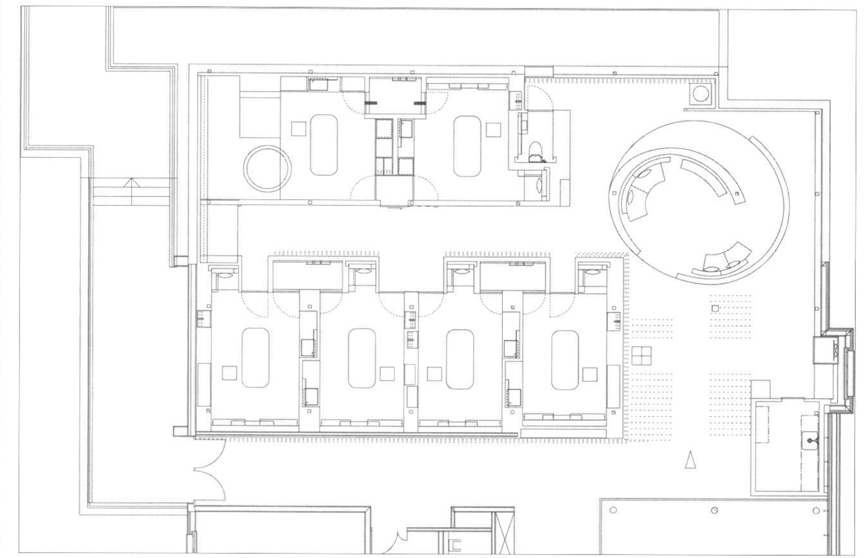

走廊的暗色和治疗室内柔和的灯光形成对比，设计想法来源于极简主义以及对大自然的尊敬。

Boa发廊

瑞士，美仑

设计：Claudia Meier

摄影：Claudia Meier
开发和制造合作者：Wasag AG
客户：Manuela Daluz

Boa发廊新的室内空间给人一种全新的感觉，品牌形象也更加深刻。一系列白色透明的纤维悬挂于天花上，灯光穿梭其中，部分得以逃脱的光线洒在工作台上。纤维长度不一，微风或是吹风机的风都足以使之在顾客上方形成一处特别的波浪状景观。
大面积的镜子足以映射每一个工作台，而且也可以充当墙体，重新将空间划分。混凝土地面首先用白漆喷饰，然后再用两层透明的环氧树脂覆盖。树桩分布在发廊各处，可以被用作桌子和凳子。灯光设计不仅考虑到全局，而且局部灯光设计也很合理。这个发廊是客户和建筑师紧密合作的结晶。

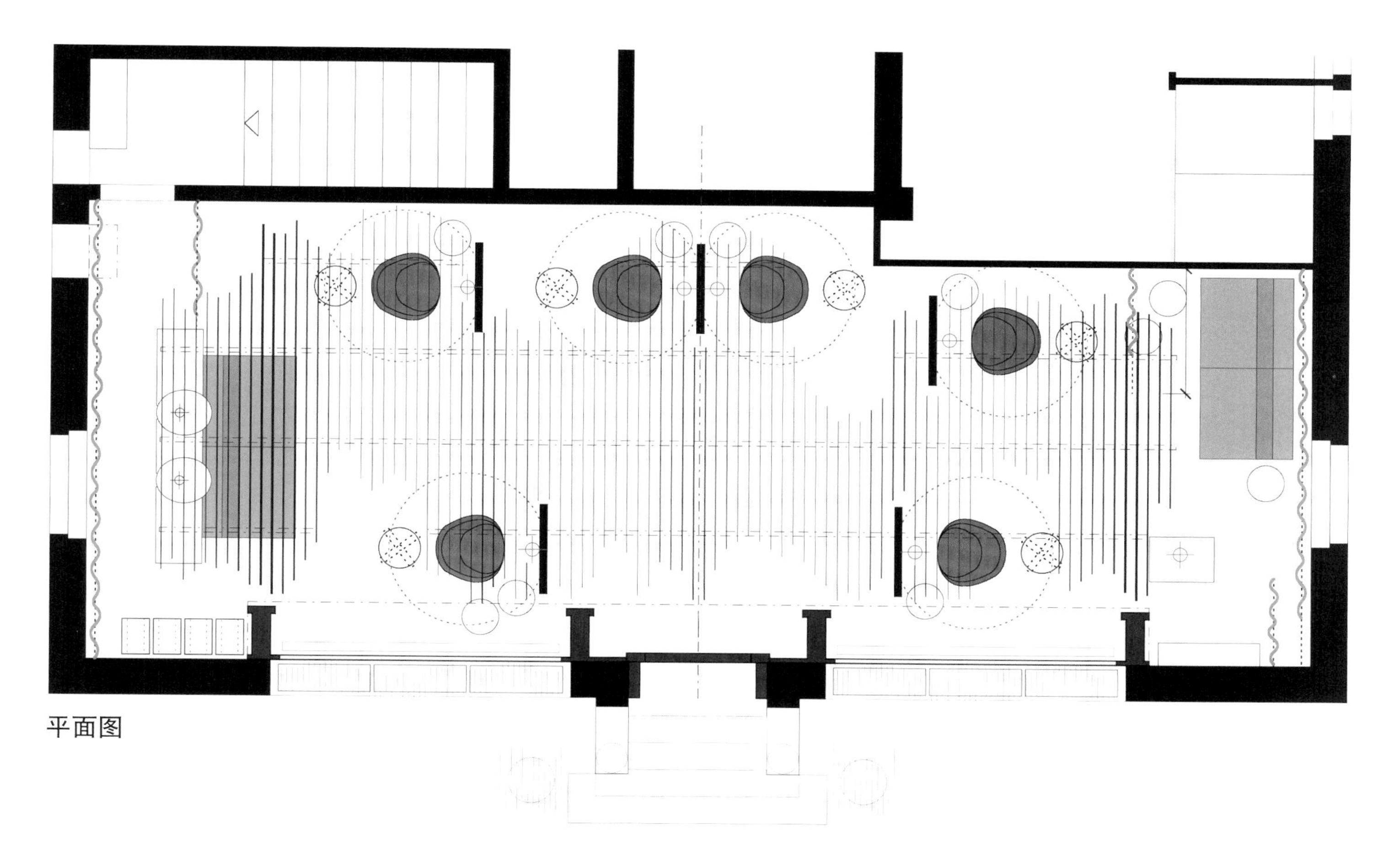
平面图

一系列白色透明的纤维悬挂于天花上，灯光穿梭其中，部分得以逃脱的光线洒在工作台上。纤维长度不一，微风或是吹风机的风都足以使之在顾客上方形成一处特别的波浪状景观。

My Squash健身俱乐部

波兰，波兹南

设计：Kreacja Przestrzeni

摄影：Pawel Penkala

My Squash是一个健身俱乐部，包括6个专业的壁球室、瑜伽和舞蹈室、有氧运动室、儿童美术课室，还有一个餐厅。俱乐部附近还有一个酒店。设计旨在吸引更多的人，让他们在这里待更长的时间，而不仅仅是一个小时。这也是投资者决定开酒吧和餐厅，以及在室内放置大型、舒服的沙发的原因。

设计的主要目标就是创造一个完全与众不同的健身俱乐部，不同于波兰其他传统的俱乐部。新的俱乐部必须现代、美观而且能让人眼前一亮。

最终的设计既给人惊喜又让人愕然，既鼓舞人心又让人迷惑不解。室内最明显的就是闪耀的白色环氧树脂地板以及连贯的颜色利用。

室内的灯具是由国际知名的Puffbuff制造的，另外也采用了Daria Burlińska设计的云灯。沙发是由Mebelplast设计的Scala沙发，而椅子是由Starck设计的Dr. Yes椅。

室内其他的陈设都是专门定做的。这个项目能够成功的一个关键因素是投资者给予设计师的信任以及自由，并且预算没有限制。

2

室内最明显的就是闪耀的白色环氧树脂地板以及连贯的颜色利用。

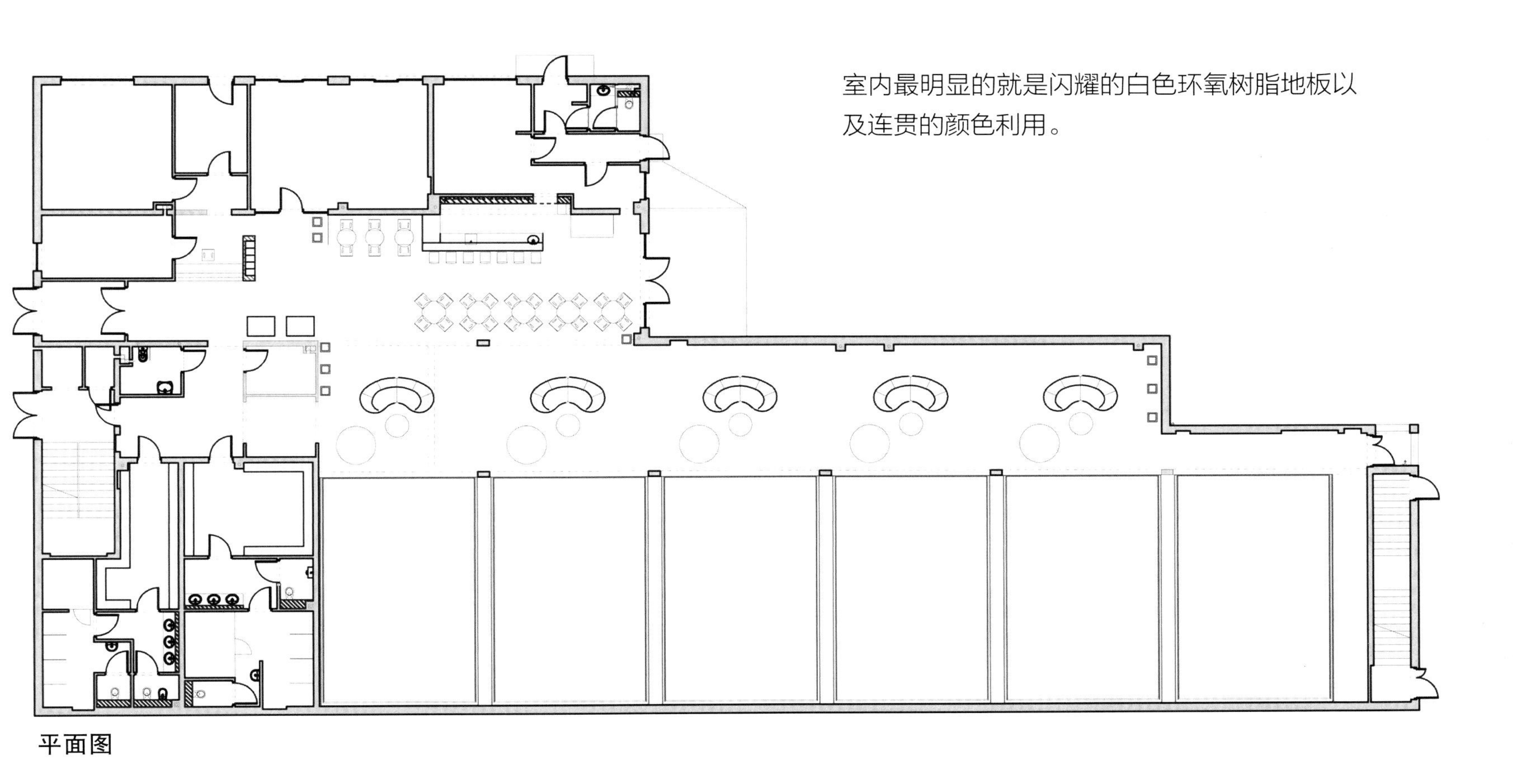

平面图

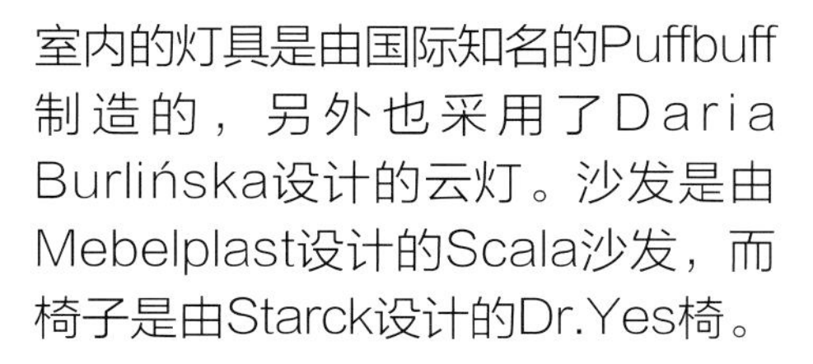

室内的灯具是由国际知名的Puffbuff制造的，另外也采用了Daria Burlińska设计的云灯。沙发是由Mebelplast设计的Scala沙发，而椅子是由Starck设计的Dr.Yes椅。

mysquash
club
2
mysquash
1

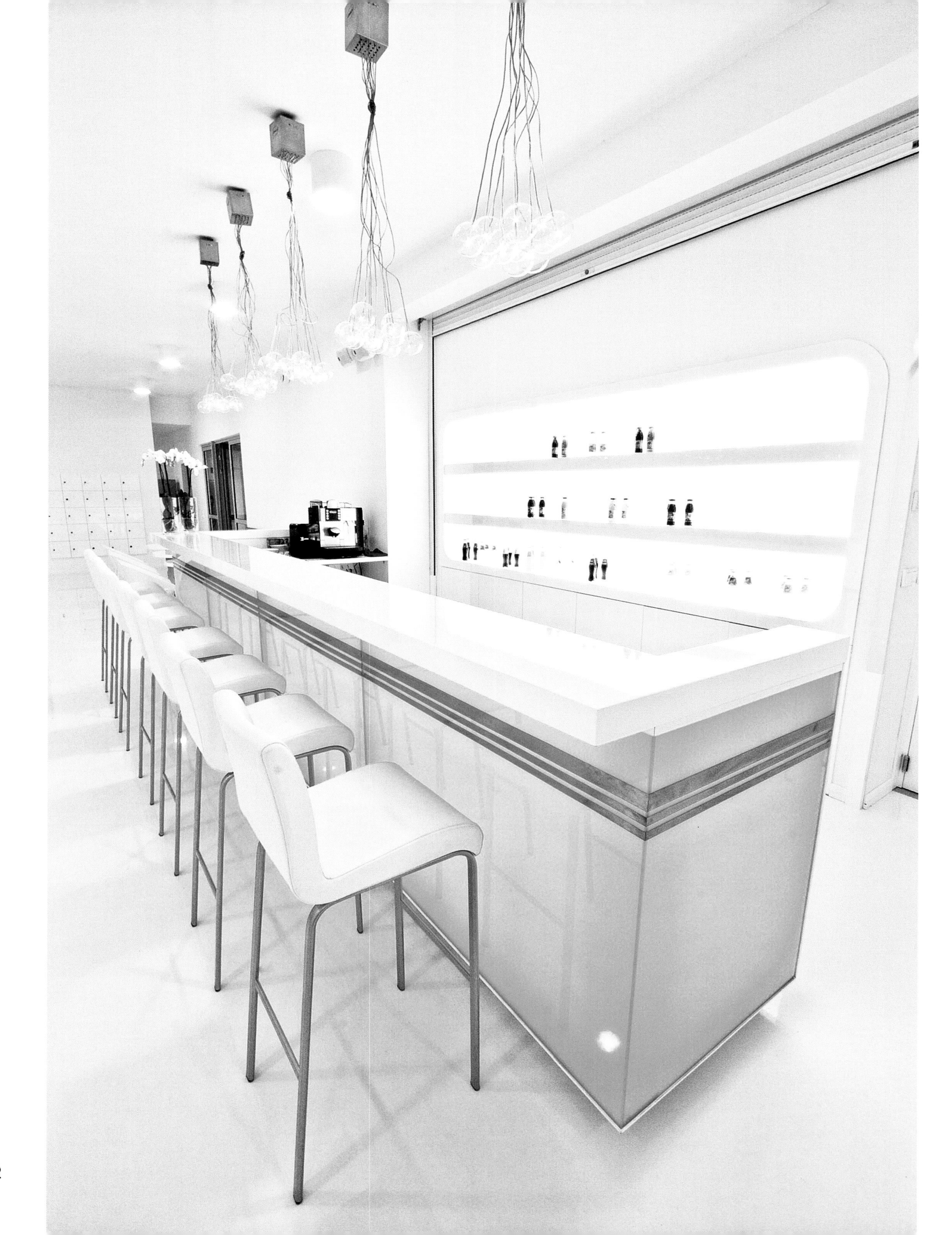

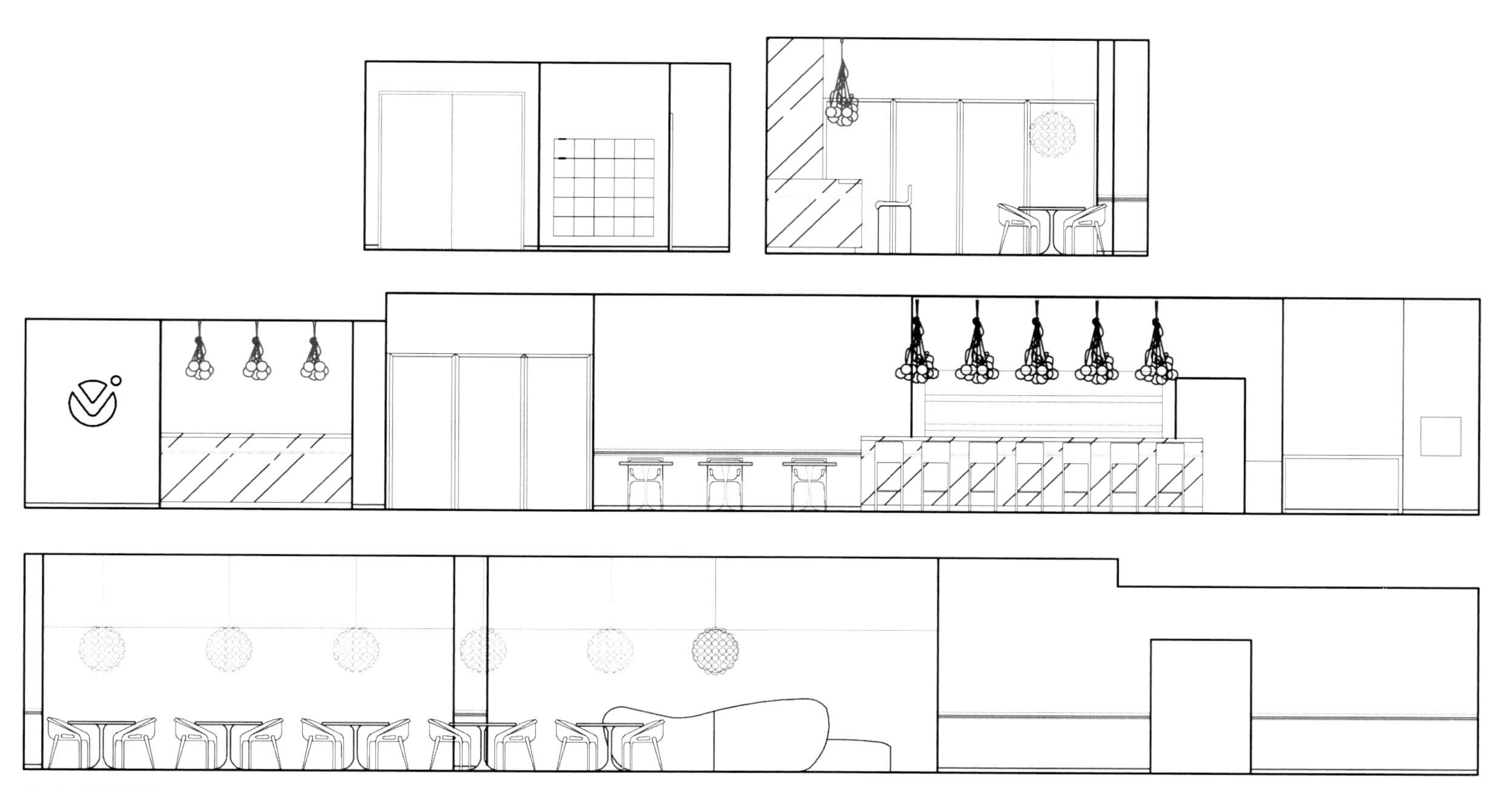

室内剖面图

Panticosa度假酒店养生中心

西班牙，Panticosa

设计单位：Moneo Brock Studio

摄影：Luis Asín, Jeff Brock, Roland Halbe, Pedro Pegenaute
设计师：Belén Moneo, Jeff Brock
首席设计师：Iñigo Cobeta
设计团队：Silvia Fernández, David Goss, Mathias Schútte, Andrés Barrón, Benjamín Llana, Brenda Moczygemba, Eduardo Vivanco, Bárbara Silva, Carlos Revuelta, María Pierres, Sandra Formigo, Andrea Caputo, Spencer Leaf, Clara Moneo
园林和景观：Belén Moneo, Jeff Brock, Isaac Escalante (CES Arquitectura del Paisaje)
室内设计：Belén Moneo, Jeff Brock, Silvia Fernández, María Pierres
施工管理：Belén Moneo, Jeff Brock, Iñigo Cobeta
结构：NB35, Jesús Jiménez, Alejandro Bernabeu
施工：HINACO-NOZAR; Manuel Mirallas
设备：KLIMAKAL, EMTE, SWIM AND DREAM, IMOGEP, BIOSALUD
灯光：DIAZ Y OSORIO
面积：8 500平方米

Panticosa度假酒店位于阿拉贡庇里牛斯山壮观的Tena峡谷，离酒店不远的山顶上终年积雪。瀑布、河流、小溪、山脉、峡谷，勾画出如诗如画的风景。

浴室的设计着眼于外部和室内的和谐，既要尊重大自然的环境以及现有的周围环境，又要考虑到项目本身的目的。整个建筑是由山上的砖块构成的，立面成曲线形，优雅不凡。屋顶采用同样的砖块，与立面融为一体。建筑整体的曲线形状和它自身的结构让建筑看起来更加轻盈，与周围的山脉景观融合在一起。

设计的时候，因为需要保证建筑大部分的空间处于地下，所以自然采光和视野就成为了首要考虑的因素。建筑流线形的体量，大窗户的合理设计让人们很容易找到这里，并流连忘返。一楼有游泳池和桑拿房，另外还有一个户外的游泳池和室内游泳池、蒸气浴、冷浴、冰浴、淋浴、足部洗浴，休闲区以及果汁台。在入口处，有一个咖啡厅，一个卖漂亮饰品的商店，一个发廊和信息台。在低层有治疗室，另外还有一个室内庭院和一个冒泡喷泉。夹层与新的Midday酒店相连，通过一条走廊，可以到达大厅，然后就是VIP套房。二楼是健身房，天花很高。

立面设计主要采用玻璃，剖面成梯形，高低错落相叠，让曲线体量更加优美。

ascensores ›

立面成曲线形，优雅不凡。屋顶采用同样的砖块，与立面融为一体。建筑整体的曲线形状和它自身的结构让建筑看起来更加轻盈，与周围的山脉景观融合在一起。

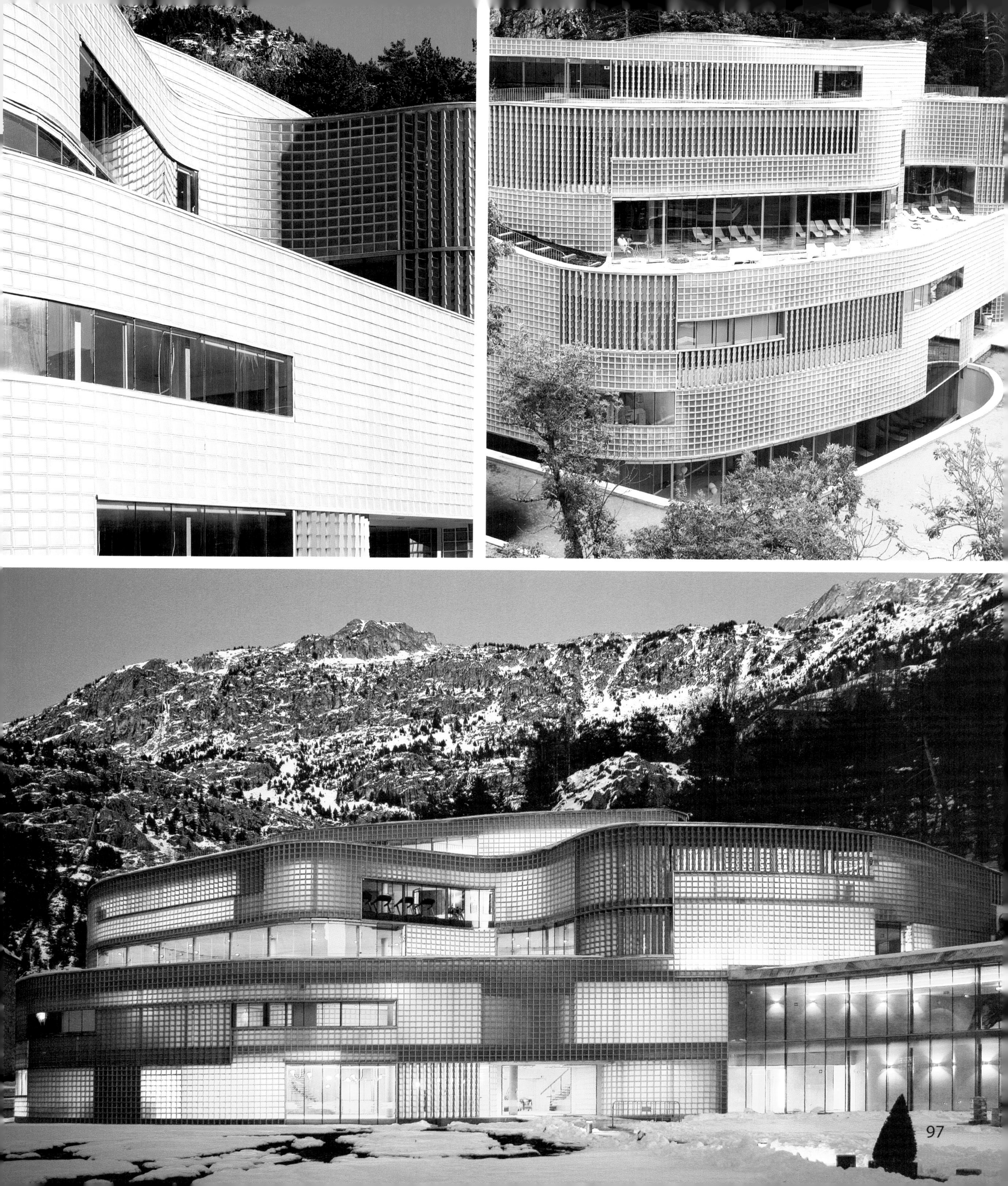

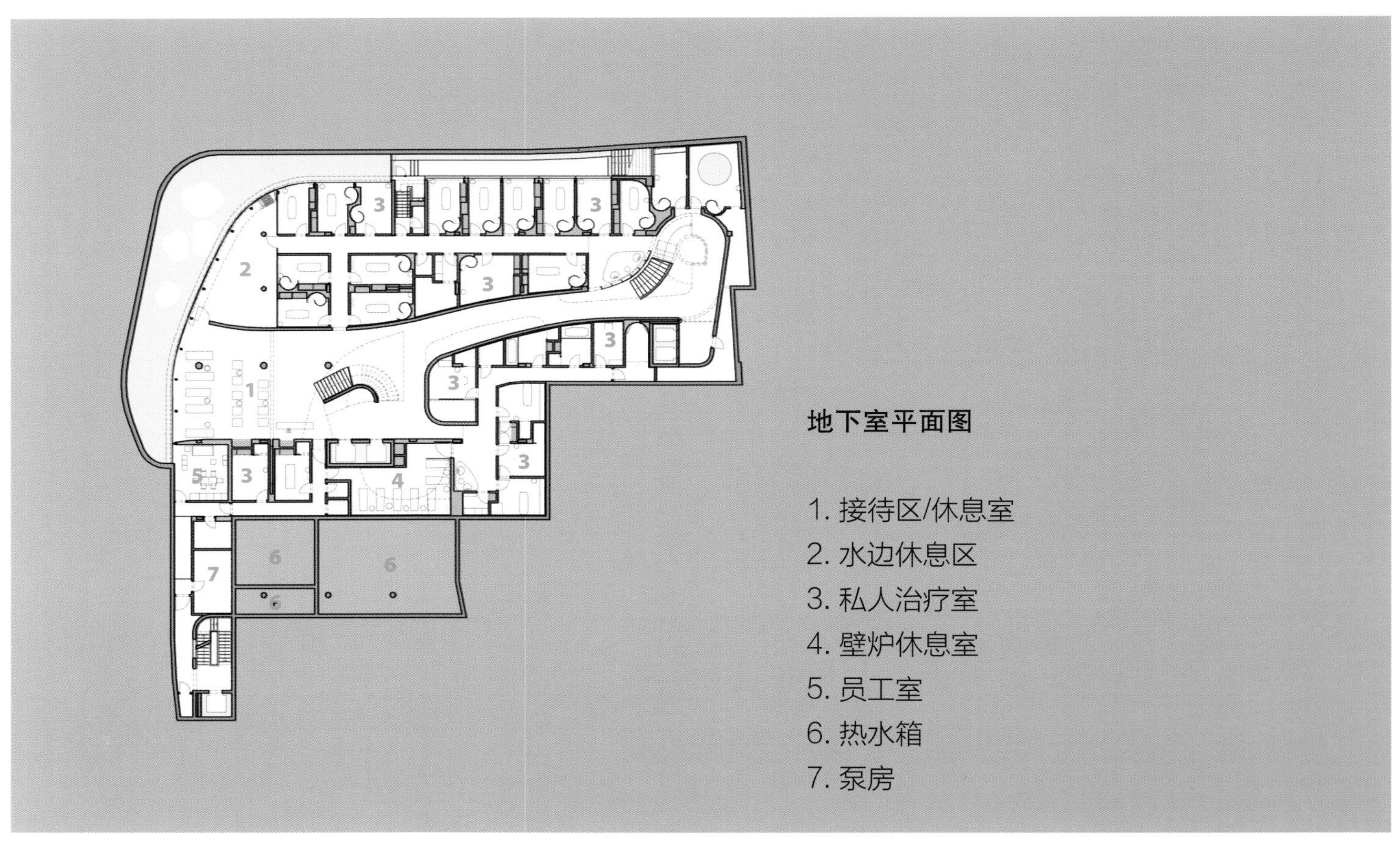

地下室平面图

1. 接待区/休息室
2. 水边休息区
3. 私人治疗室
4. 壁炉休息室
5. 员工室
6. 热水箱
7. 泵房

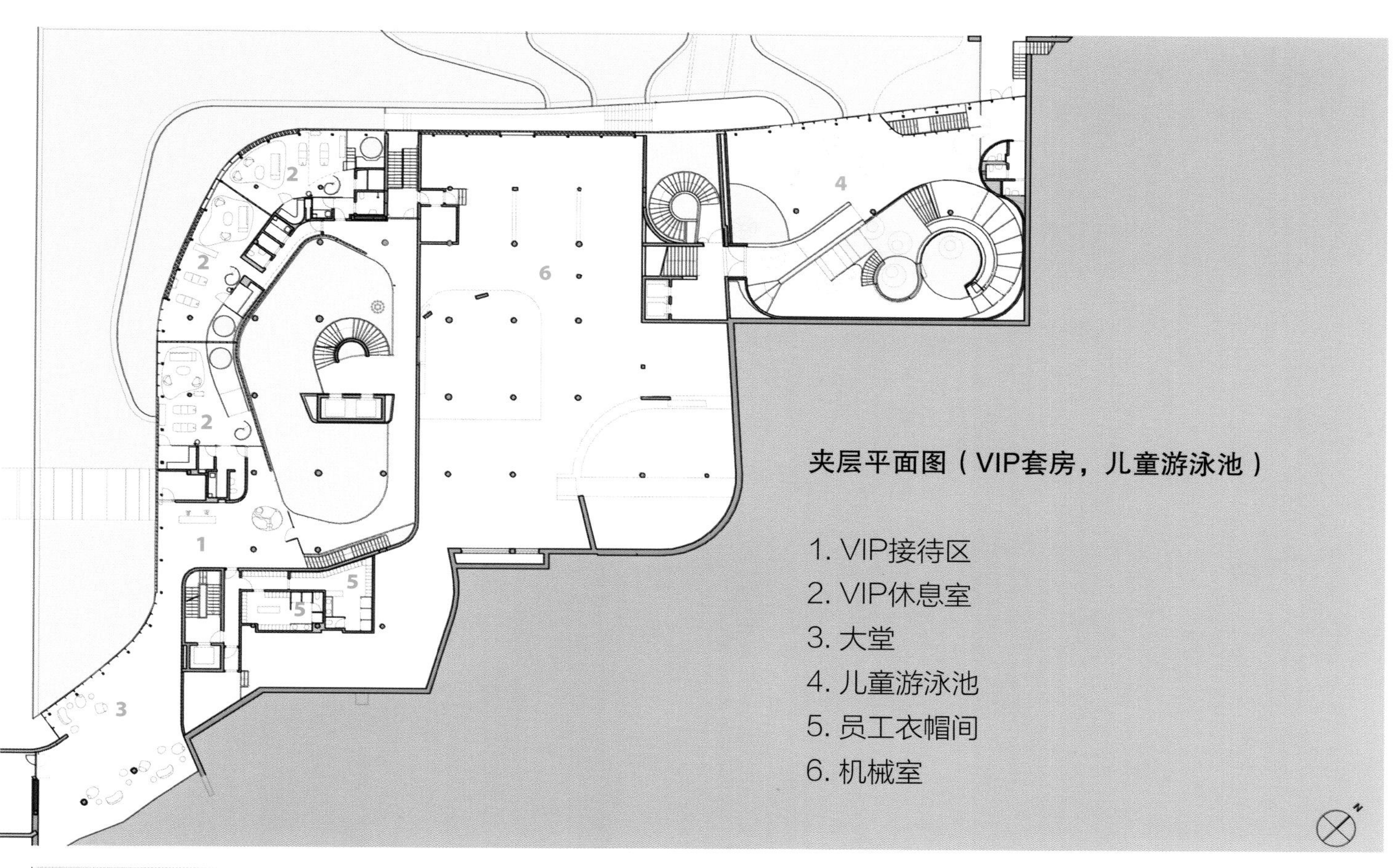
夹层平面图（VIP套房，儿童游泳池）
1. VIP接待区
2. VIP休息室
3. 大堂
4. 儿童游泳池
5. 员工衣帽间
6. 机械室

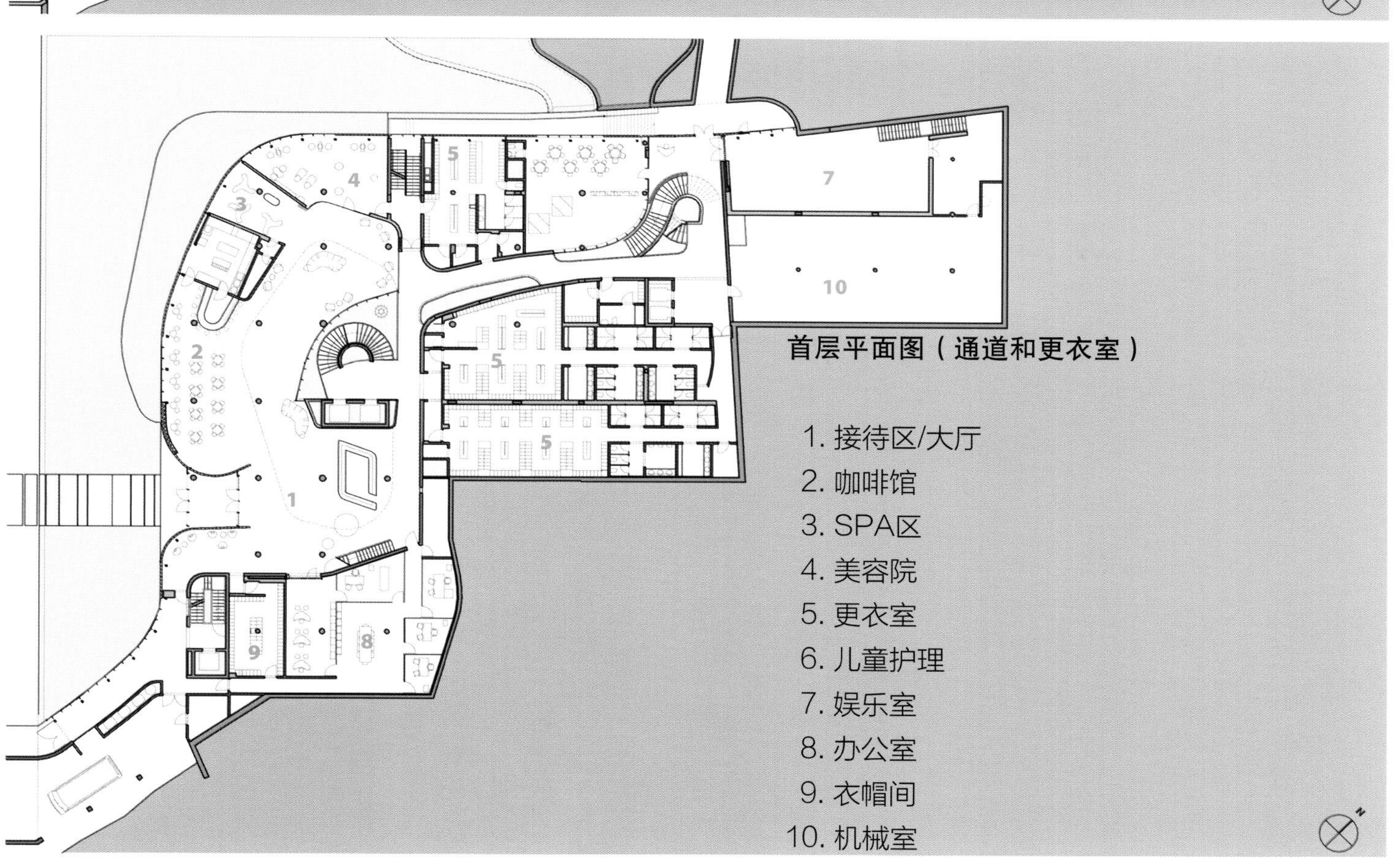
首层平面图（通道和更衣室）
1. 接待区/大厅
2. 咖啡馆
3. SPA区
4. 美容院
5. 更衣室
6. 儿童护理
7. 娱乐室
8. 办公室
9. 衣帽间
10. 机械室

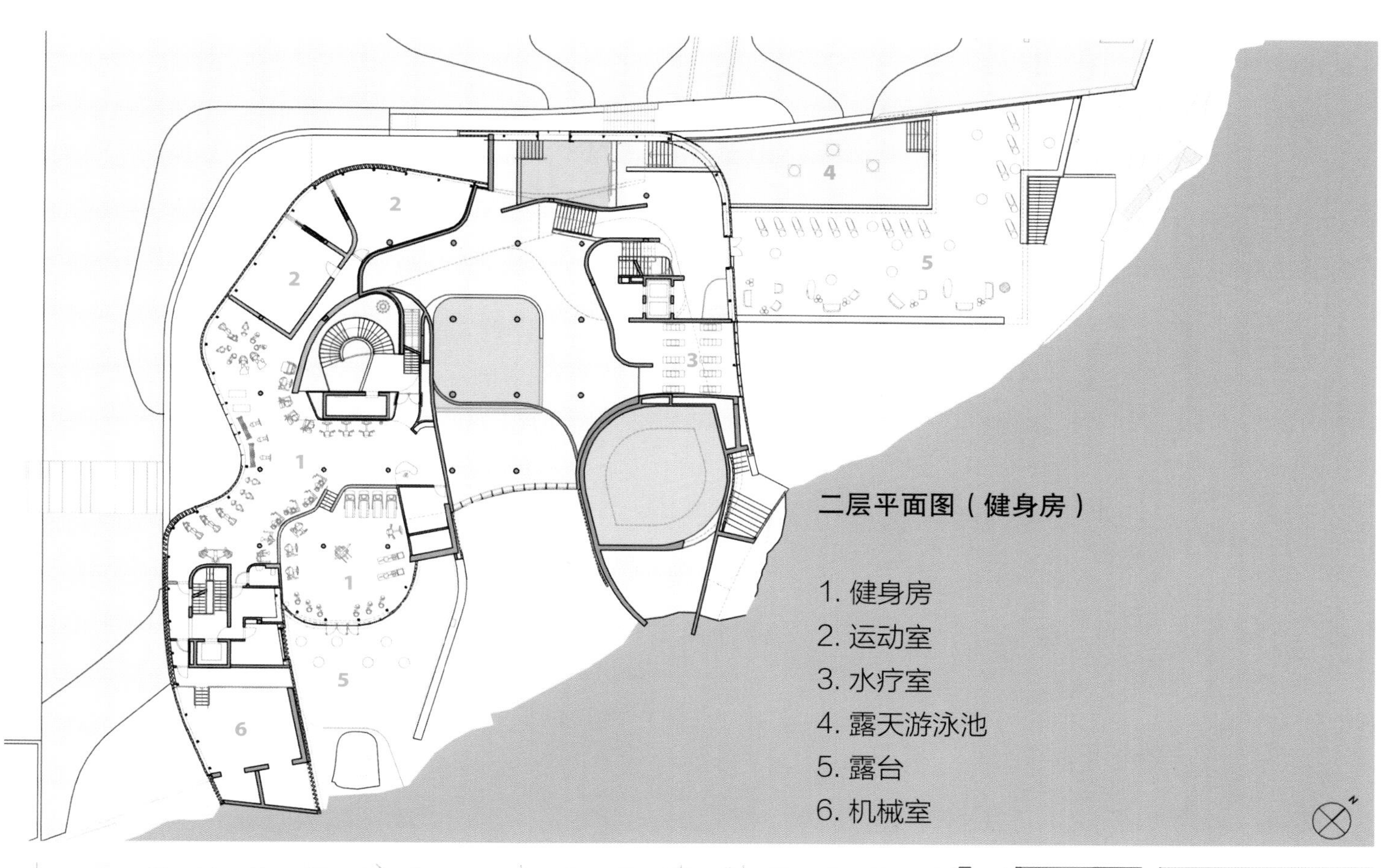

二层平面图（健身房）
1. 健身房
2. 运动室
3. 水疗室
4. 露天游泳池
5. 露台
6. 机械室

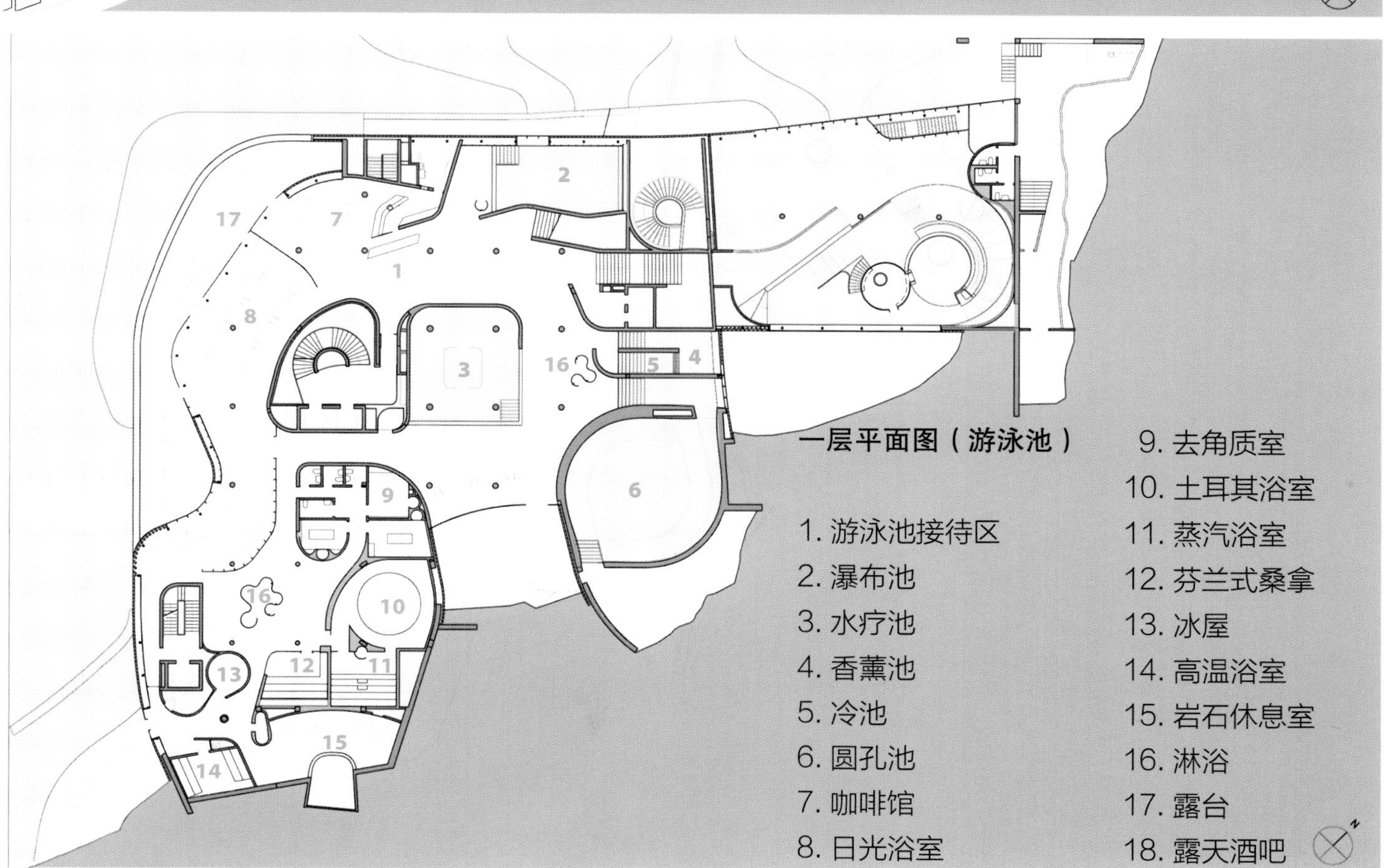

一层平面图（游泳池）
1. 游泳池接待区
2. 瀑布池
3. 水疗池
4. 香薰池
5. 冷池
6. 圆孔池
7. 咖啡馆
8. 日光浴室
9. 去角质室
10. 土耳其浴室
11. 蒸汽浴室
12. 芬兰式桑拿
13. 冰屋
14. 高温浴室
15. 岩石休息室
16. 淋浴
17. 露台
18. 露天酒吧

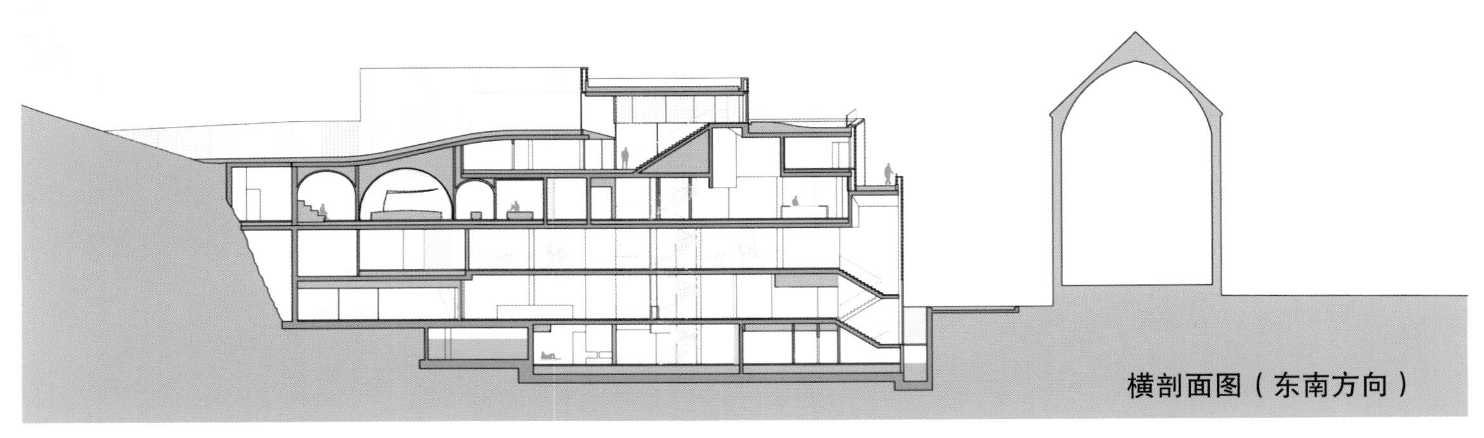
横剖面图（东南方向）

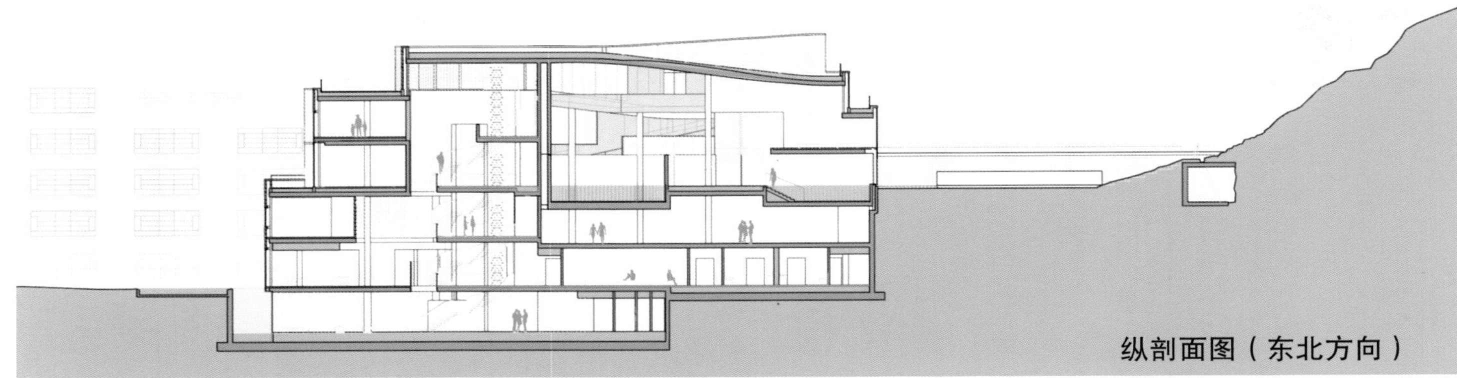
纵剖面图（东北方向）

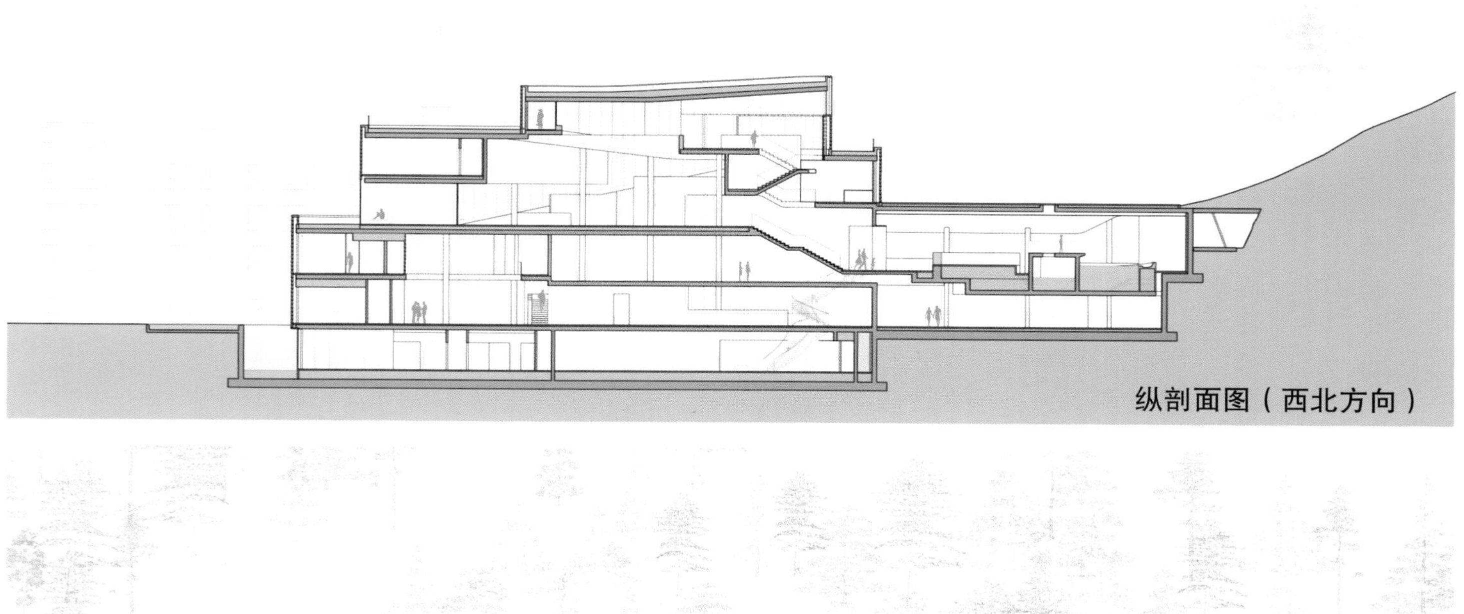
纵剖面图（西北方向）

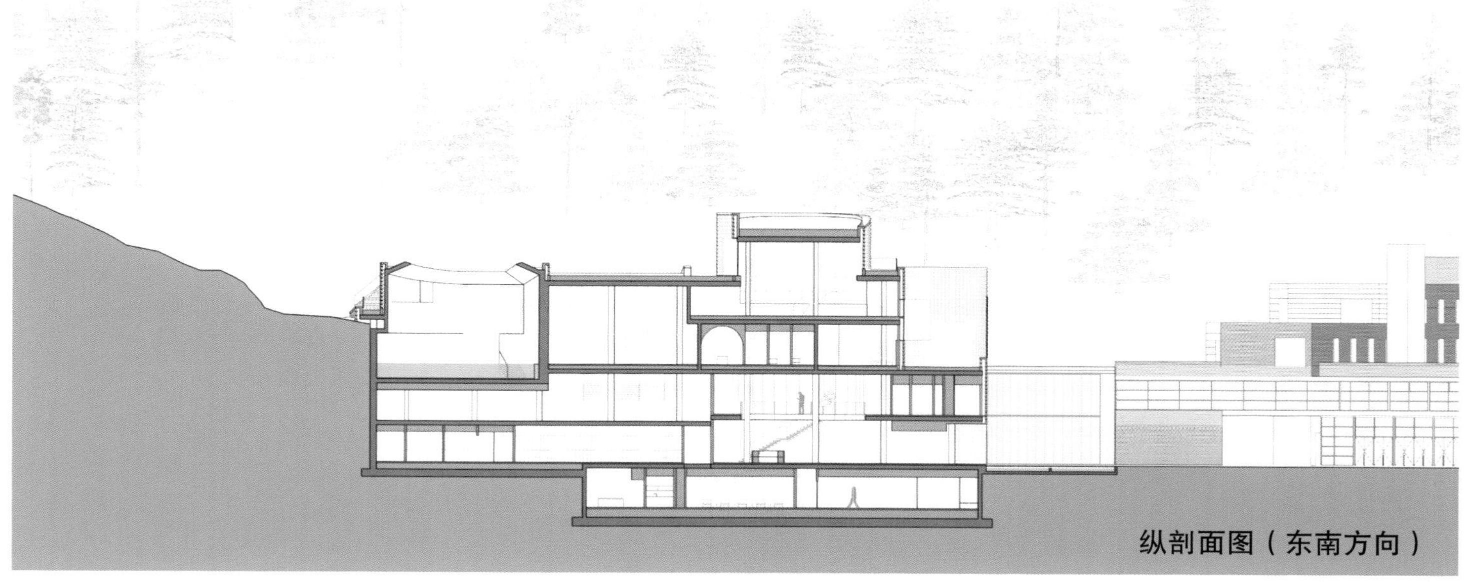
纵剖面图（东南方向）

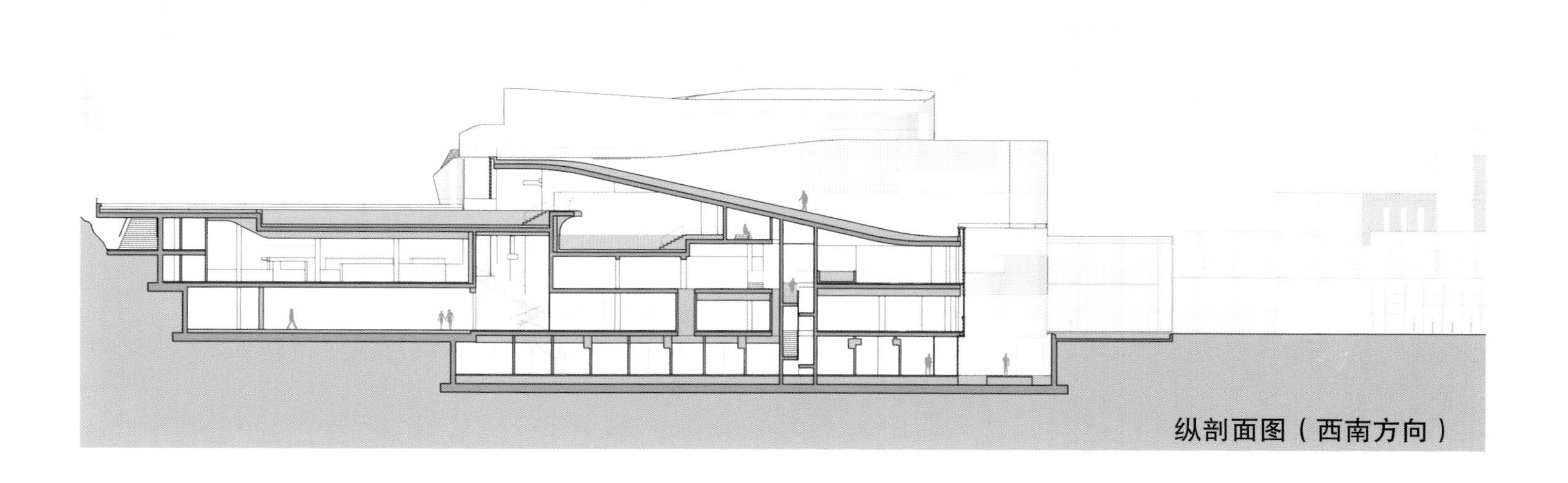
纵剖面图（西南方向）

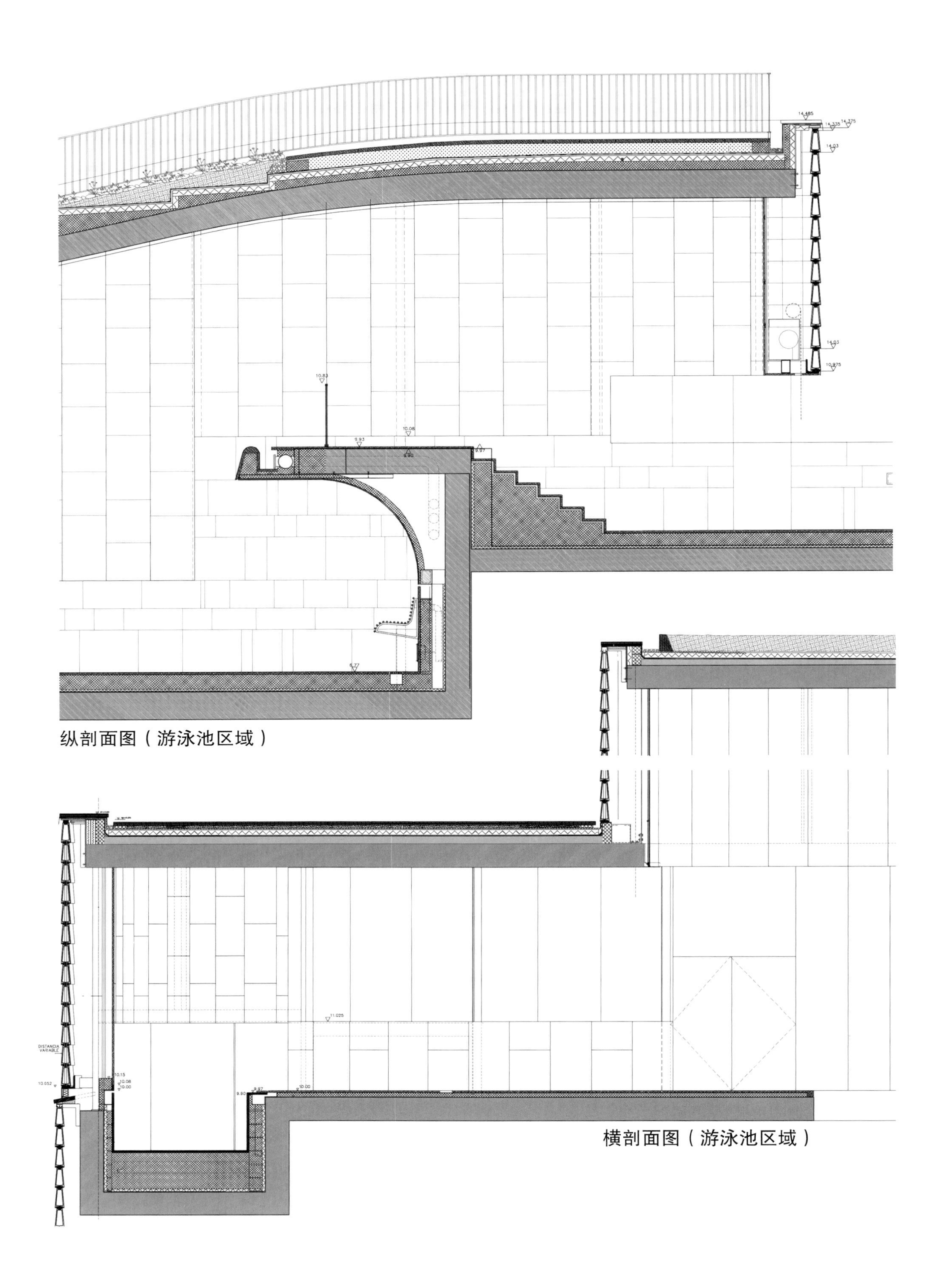

纵剖面图（游泳池区域）

横剖面图（游泳池区域）

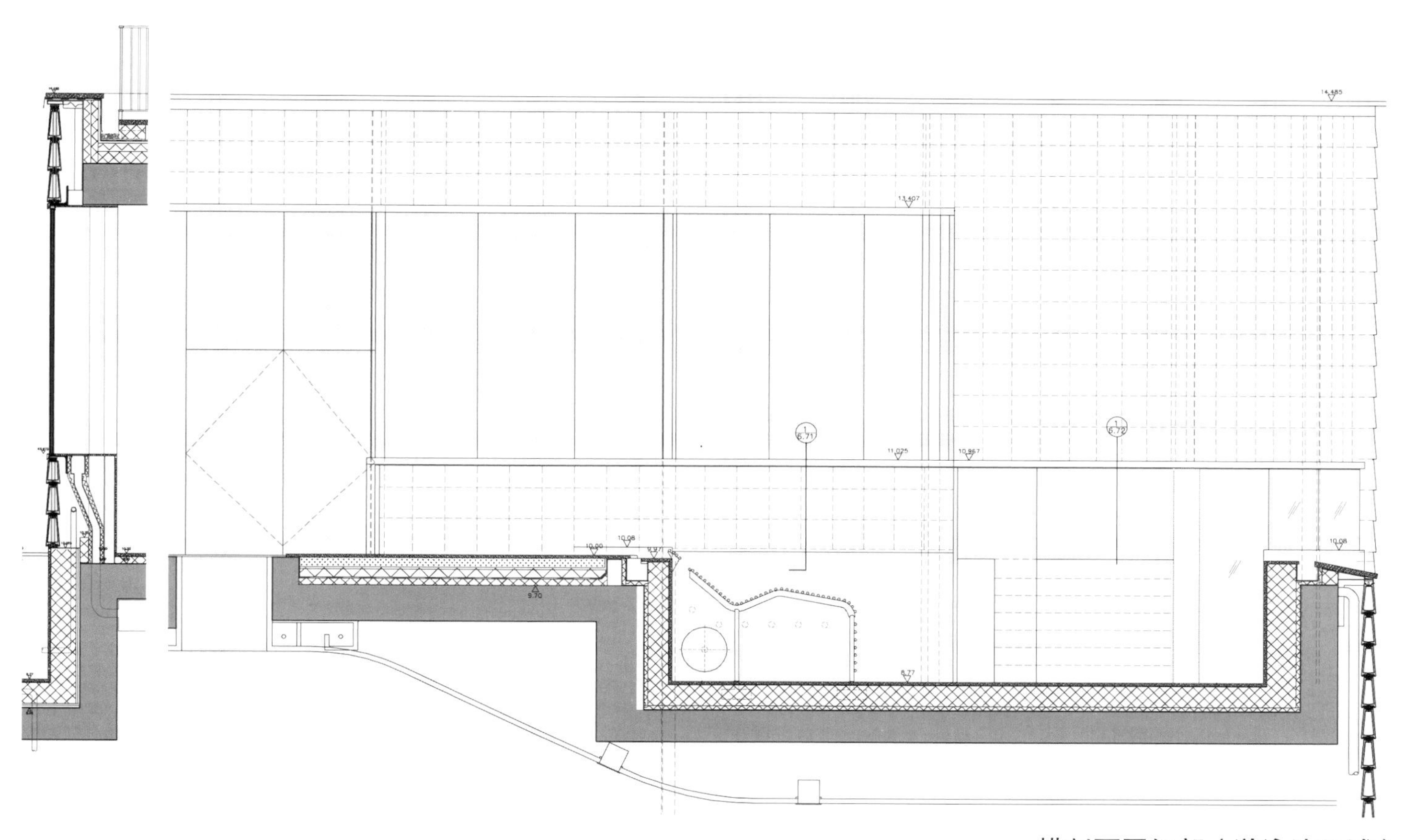

横剖面图细部（游泳池区域）

Aquagranda Livigno养生中心

意大利，Livigno

设计：Simone Micheli

摄影：Jürgen Eheim
灯光设计：Simone Micheli
客户：Aquagranda
面积：21 000平方米

Aquagranda Livigno养生中心总面积为21 000平方米，包括SPA区、美容区、休闲浴池、游泳池、健身区、休闲区、商业中心、餐厅、酒吧和客人区。以简单和直接为基本原则，整个设计围绕颜色的利用以及简单而极具功能性的设施进行。

室内的每一个细节都力求让客人拥有丰富的体验，进入奇妙的梦幻世界。在黑色的背景墙的衬托之下，带有漩涡的浴池更显得温柔。白色的游泳池在鲜艳的图案的衬托下，则似乎变得若有若无，无比深邃。桑拿浴室、蒸汽浴室、休闲池、冷室和芳香淋浴室的灯光效果非常好，而且在墙壁上装有视频。总之，整体的设计优雅，精确而戏剧性。

现代的SPA在功能上更加强大。据设计师Simone Micheli所说，这种要求使得建筑师们致力于开发心理空间上的潜能。设计师从古罗马浴室获得灵感，用他自己的话说就是“如今，通过一些美观的项目，重新发现沉寂已久的感官是很有必要的。为了我们自己能够不枉此生，我们必须找到新的平衡领域，我们必须努力找回我们自己的起源”。

FLOOR 1
room's reception
commercial centre
bar-restaurant
black pool
FLOOR 2
rooms
bar

room's reception

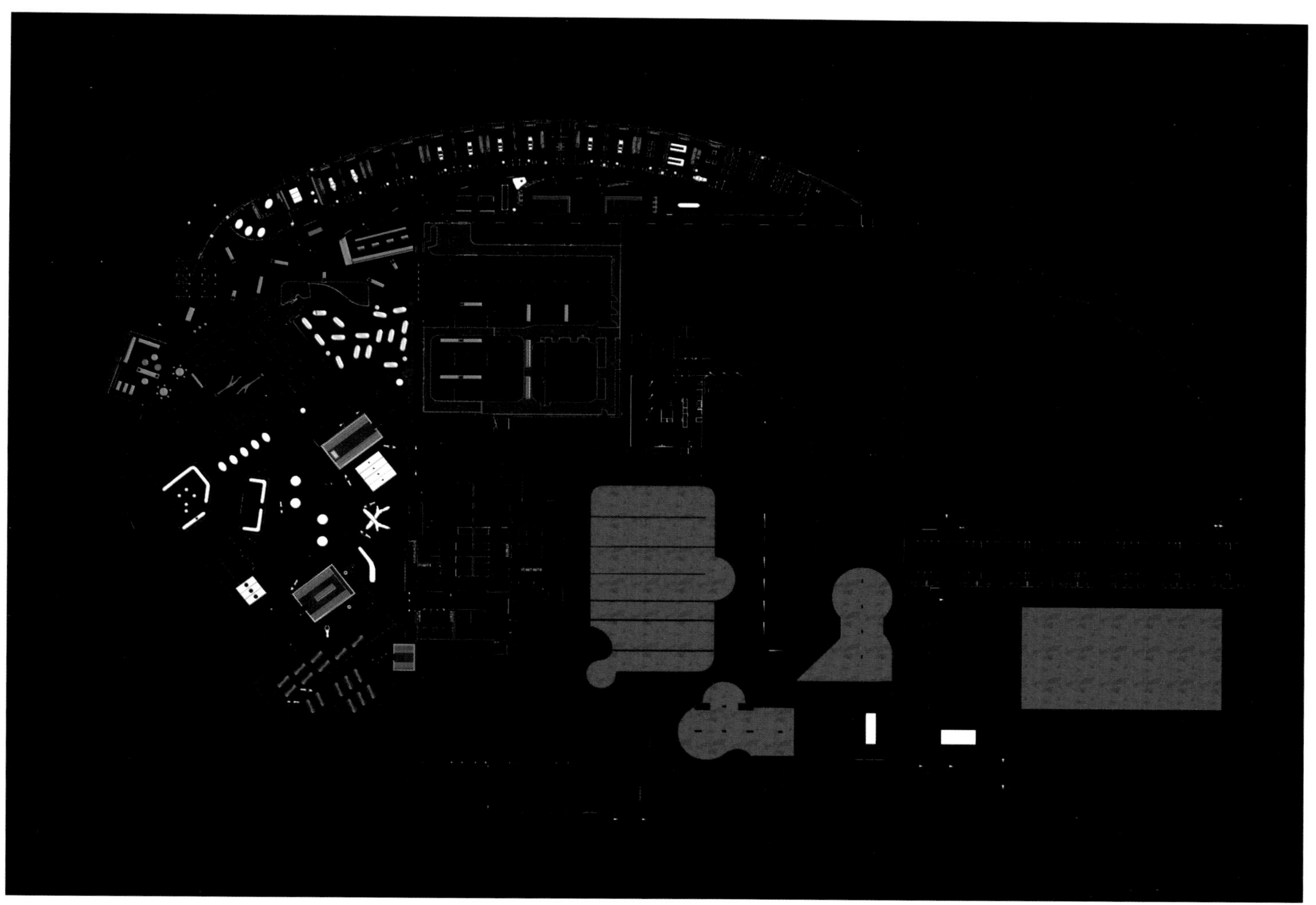

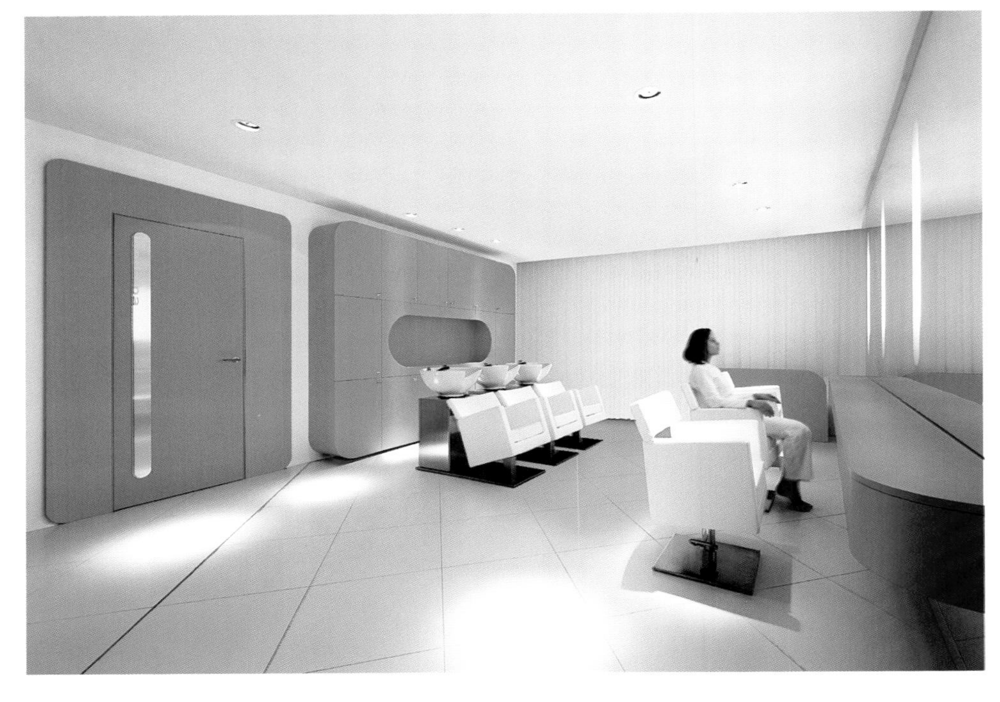

quel

Sora美容院

日本，东京

设计师：Keisuke Fujiwara

摄影：Satoshi Asakawa
设计单位：Keisuke Fujiwara Design Office
面积：155平方米

Sora美容院运用了12种不同的木材，并施以不同的颜色，在空间里形成了一个色调梯级，让人联想到白天天空渐变的颜色，这也是美容院最具有象征性的设计之一。日复一日，年复一年，天空的变化永远那么丰富精彩：或阳光明媚，或倾盆大雨，或雪花纷纷落下。代表天空的灯光和水在设计中起到重要的作用，这样的设计想法来自“空间、时间和人”的和谐统一，正如美容院的品牌和宗旨——连接万物。

入口的水景散发着浓浓的欢迎之情，水滴声轻轻脆脆，创造了一种轻松的动态之美。涟漪悠悠然然，反射柔和的灯光，让水晶看起来更加优美，更加绝妙。美容院的镜子大小和达芬奇的画作《蒙娜・丽莎》一致，代表着让顾客拥有蒙娜・丽莎的美貌。

造型区中心的两块面板是由垂直的小木板构成的，可以旋转90度。这些可以调节的设施为美容院增添了动态的变化和新鲜的面孔。垂直的小木板来自12种不同的树木，乍一看像是凌乱地分布着，其实它们构成了四个英文字母——S,O,R,A，在对面的镜子里就可以看到。木制地板和钢窗已有20年的历史，设计师决定保留。平台设计了可控制的多彩的LED灯，这些灯可以根据具体的需要来作出调节。

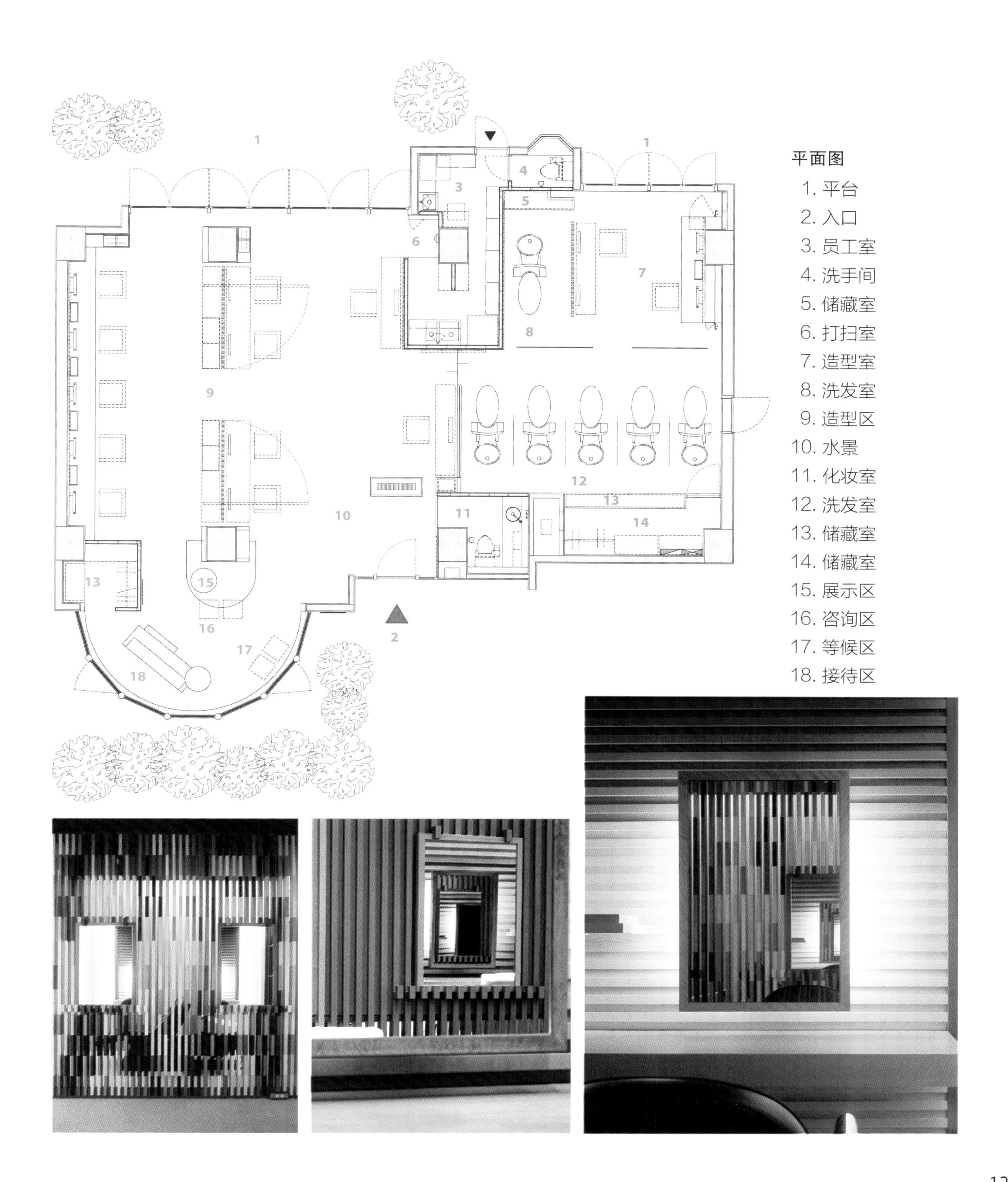
平面图
1. 平台
2. 入口
3. 员工室
4. 洗手间
5. 储藏室
6. 打扫室
7. 造型室
8. 洗发室
9. 造型区
10. 水景
11. 化妆室
12. 洗发室
13. 储藏室
14. 储藏室
15. 展示区
16. 咨询区
17. 等候区
18. 接待区

造型区/洗发区

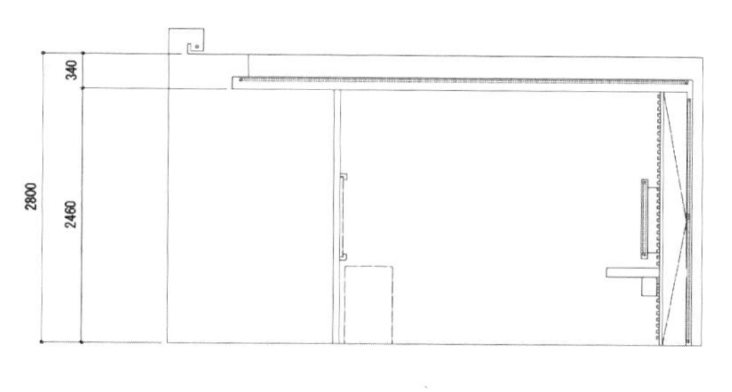

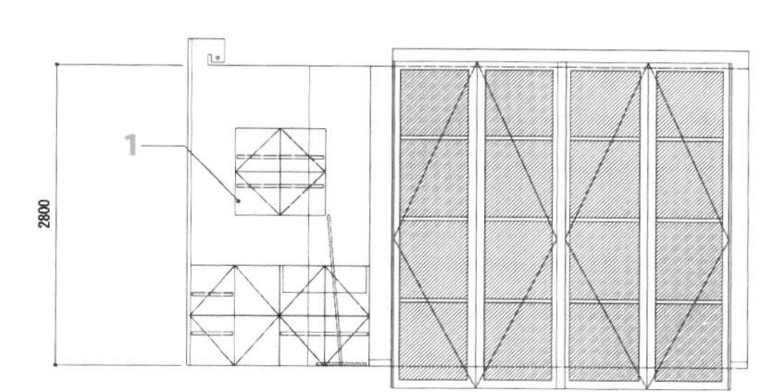

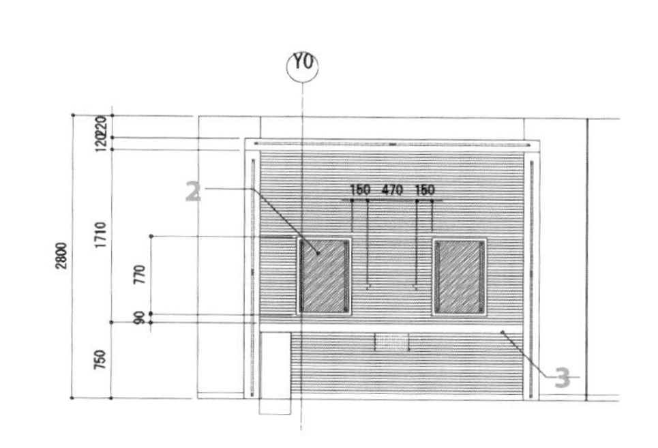

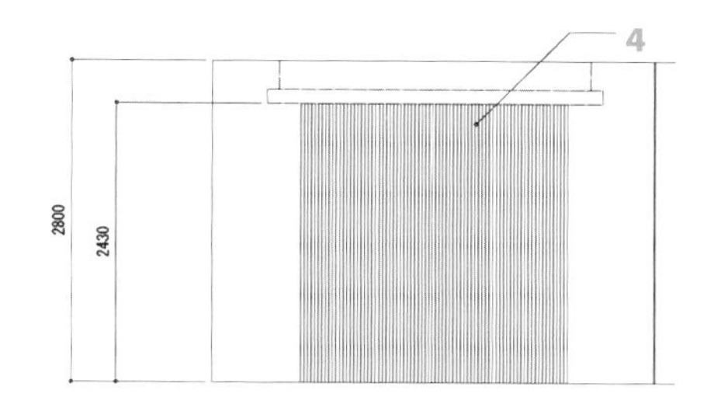

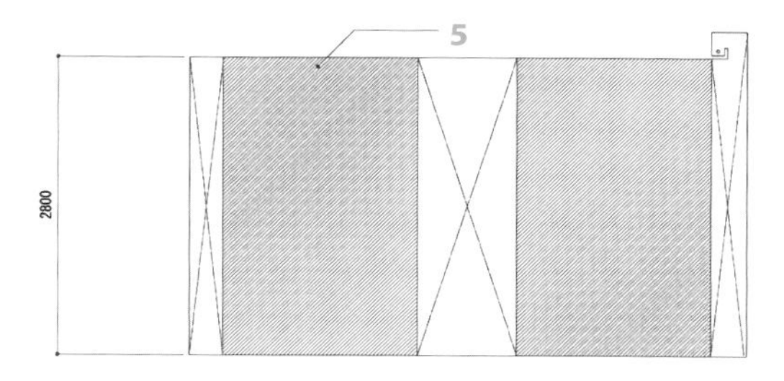

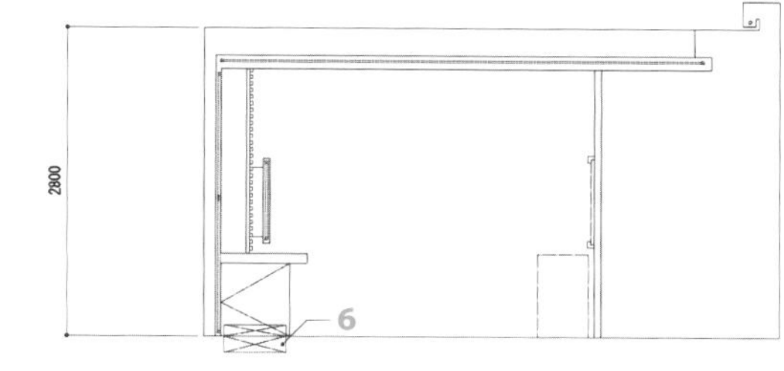

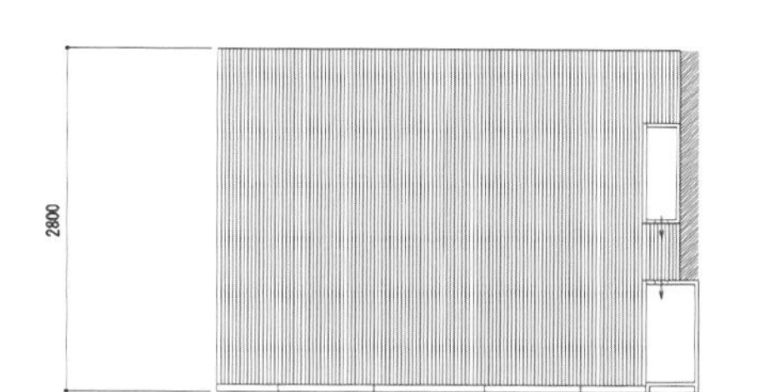

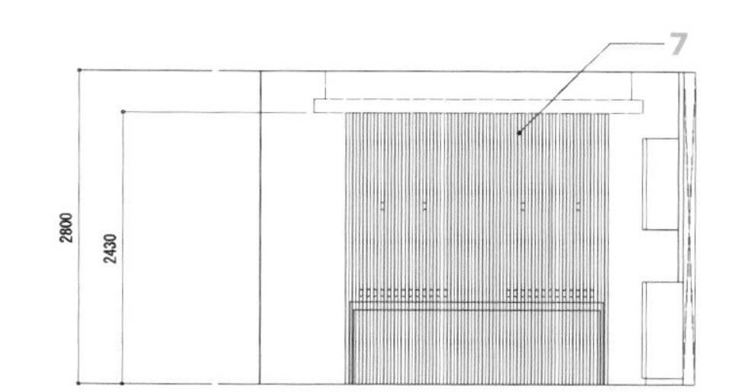

1. 架子
2. 镜子
3. 桌子
4. 隔离杆
5. 玻璃屏
6. 箱子
7. 隔离杆

造型区中心的两块面板是由垂直的小木板构成的，可以旋转90度。这些可以调节的设施为美容院增添了动态的变化和新鲜的面孔。垂直的小木板来自12种不同的树木，乍一看像是凌乱地分布着，其实它们构成了四个英文字母——S,O,R,A，在对面的镜子里就可以看到。

Nafi发廊

瑞士，巴塞尔

设计：ZMIK & SÜDQUAI patente.unikate

摄影：Eik Frenzel
客户：Hairstyling Nafi
面积：100平方米

在发廊里，顾客和发型师经常会产生争执。并不是因为顾客没有得到期望的发型效果，而是因为他们没有得到他们想要的享受体验。发型师在工作的时候希望不被阻碍和分心，所以他们比较倾向于白色的，极简的空间。但是另一方面，顾客通常寻求一种奢华的、特别的体验， 而这种感受在发型师理想的空间里是无法得到的。

这个位于巴塞尔的历史文化中心的Nafi发廊能够同时满足发型师和顾客的需求。整个空间被分为两个区域，这两个区域在功能上各有不同，空间氛围也不一样。接待区的天花和墙壁是由古式的包装纸覆盖的。柔和的灯光如温柔的女子一样，邀请顾客坐下来或休息，或购买美发产品，或讨论最近流行的发型。接待区的对面就是白色的造型区。在这里，发型师可以集中注意力工作。灯光很适合发型师工作，墙壁明亮而有光泽，陈设金属感十足，让顾客和他们的头发成为焦点。镜中的顾客也是空间的一部分，给空间带来活力。

这个发廊是设计师卓越的改变能力的体现。整个空间和谐而矛盾，充满魅力。

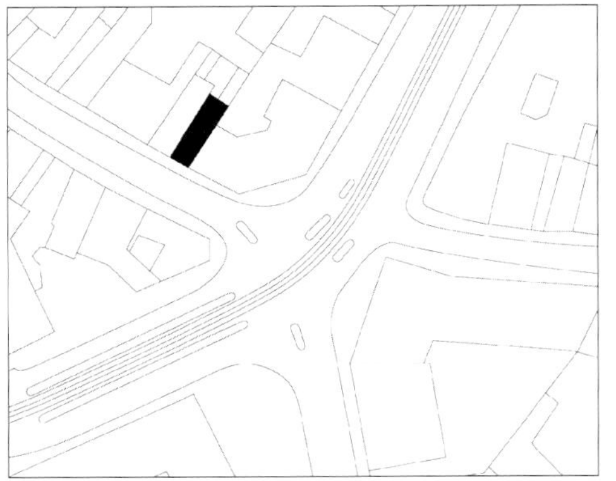

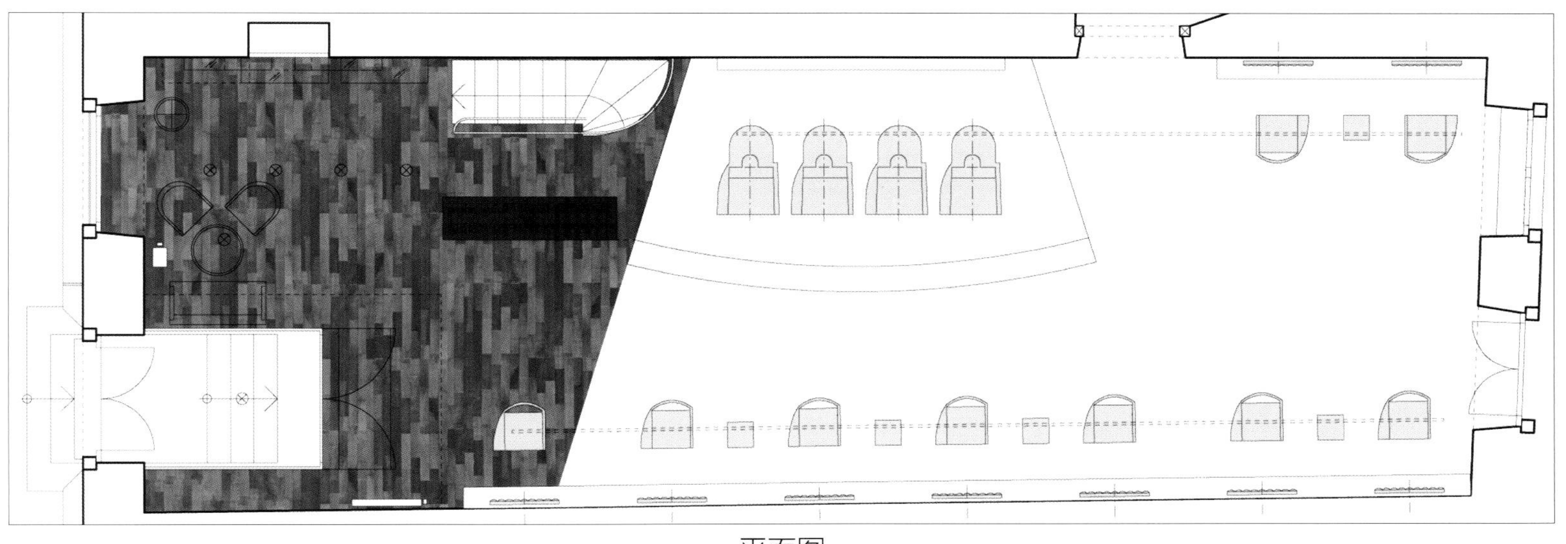

平面图

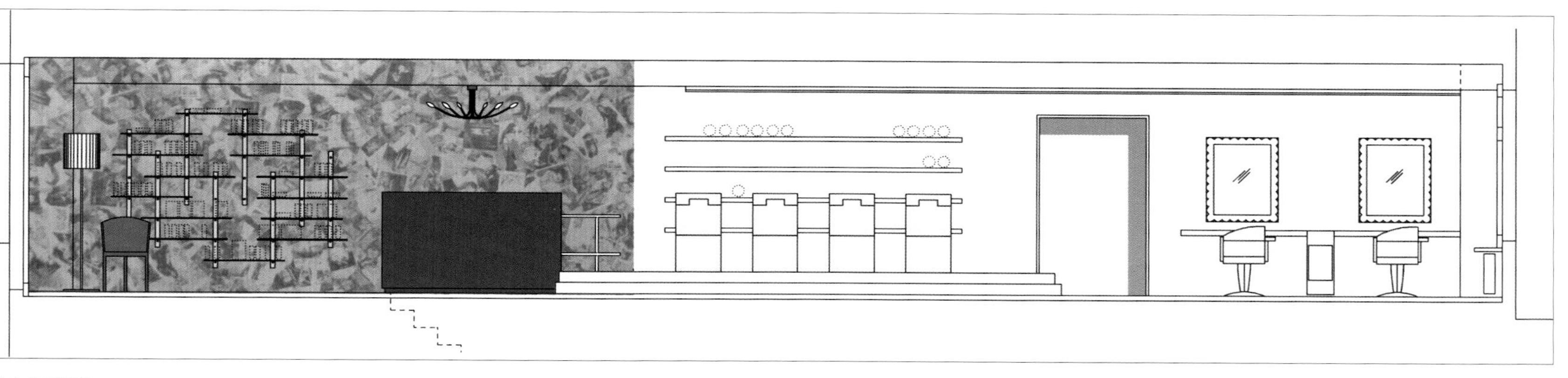

纵剖面图

曼谷沙龙

泰国，曼谷

设计：Nattapon Klinsuwan of NKDW

摄影：Nattapon Klinsuwan

到底什么样的设计对于一个城市的发展是必须的呢？Nattapon Klinsuwan of NKDW给出了一个满意的答案。这个沙龙位于曼谷的中心，让曼谷成为一个绿色的城市，并且推动了经济的发展。

许多竹条垂挂在天花板上，长度不一。有一些竹条甚至延伸至地面，这样就顺势构成了墙体，将各个区域分离开。这样，墙体和天花之间的缝隙就得到屏蔽，而成为连贯的一体，同时具有一定的通透性，各个区域并没有完全隔离开。设计师将整个空间设计成一个立体的雕塑。客人穿梭于其中，向四周张望，好奇地想知道他们看见的到底是什么。

设计师的灵感来源于他在曼谷南部旅行的时候参观的天然洞穴。这个洞穴最有特色的就是天然的钟乳石和石笋。钟乳石从上悬挂下来，石笋依地而长。有时，二者竟会相接，构成一个柱子，慢慢地就成为了墙体，将空间分开。这个沙龙的设计就是以一种有机的奢华方式重现这种自然现象。

同时，出于预算以及不影响环境的考虑，设计师也寻求利用当地的材料。在当地，竹子因其重量轻以及快速生长的特性成为不二选择。为了完成这个项目，设计师从泰国西部收集了11 250根不同长度的竹条，同时也刺激了当地的经济发展。

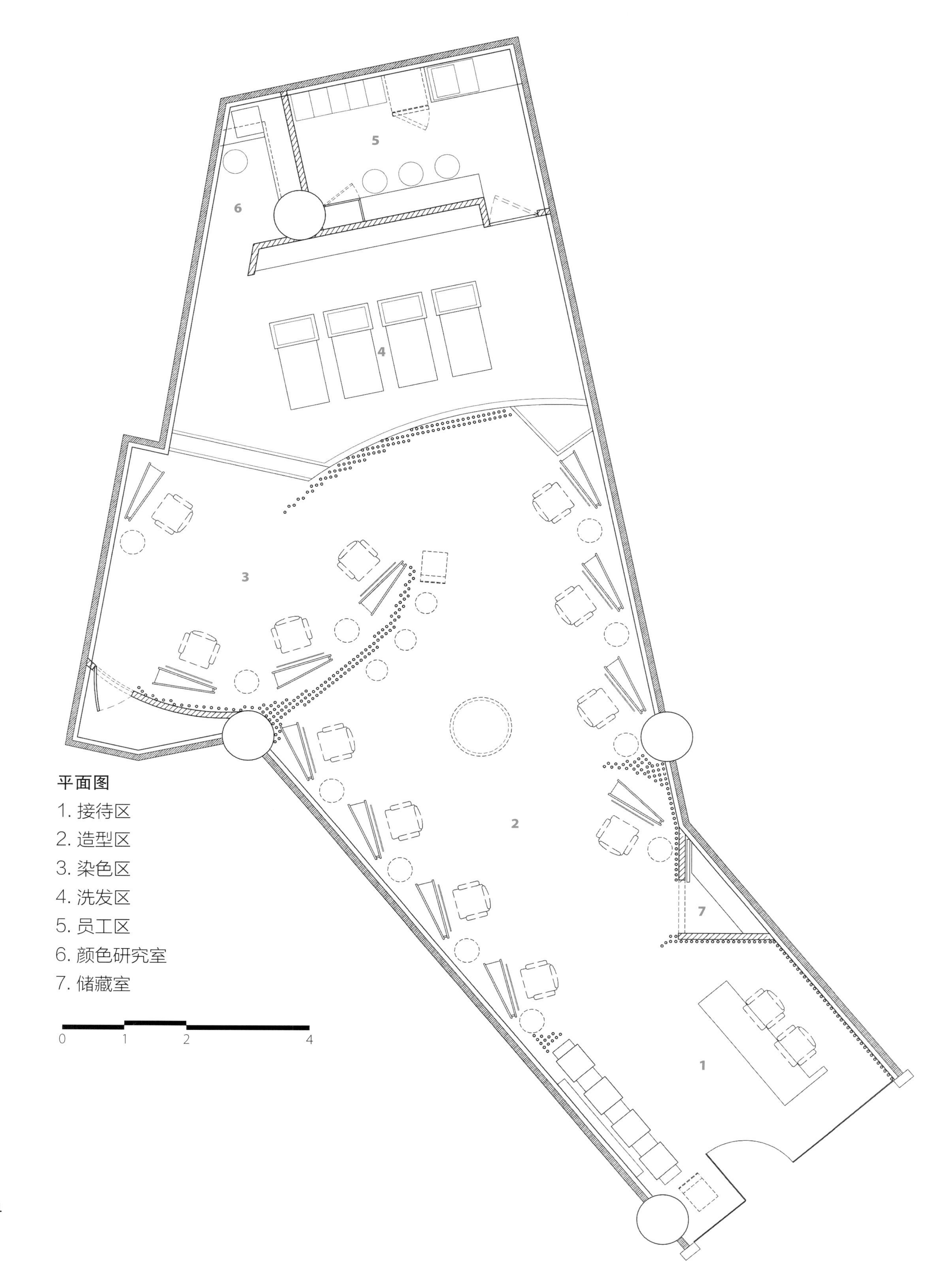

平面图

1. 接待区
2. 造型区
3. 染色区
4. 洗发区
5. 员工区
6. 颜色研究室
7. 储藏室

与以往不同，设计师并没有设计墙体来分开各个区域，而是利用从天花延伸至地面的，长度不一的竹条来分开各个区域，打破了墙体和天花的界限。

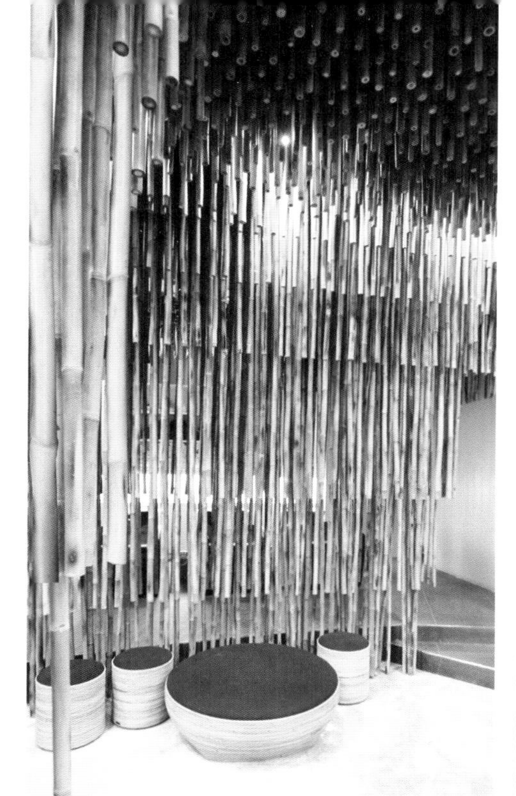

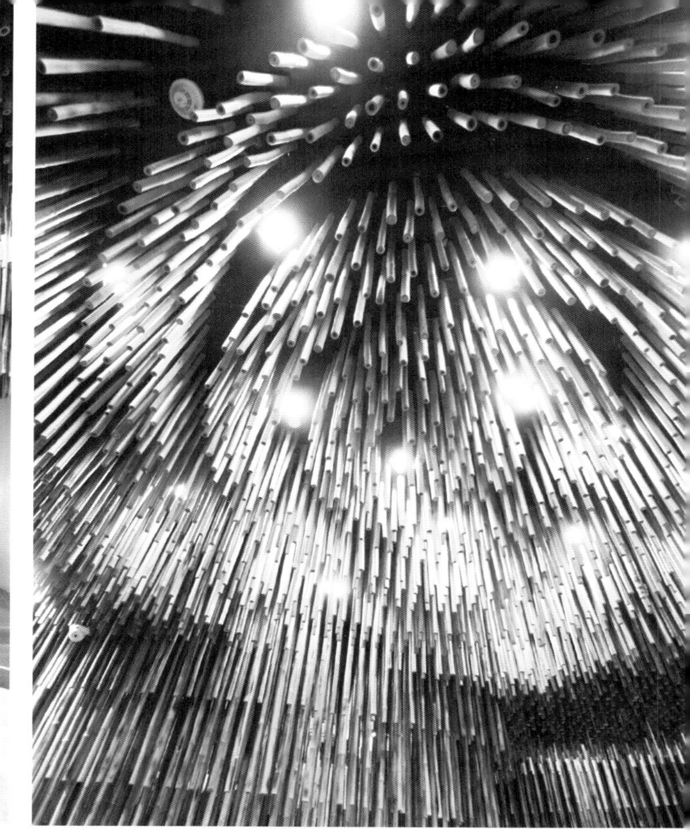

钟乳石从上悬挂下来，石笋依地而长。有时，二者竟会相接，构成一个柱子，慢慢地就成为了墙体，将空间分开。这个沙龙的设计就是以一种有机的奢华方式重现这种自然现象。

Lodge沙龙

日本，广岛市

设计师：Suppose design office | Makoto Tanijiri

摄影：Suppose design office
责任设计师：Masafumi Shimatani
客户：Yusuke Yamamoto
面积：83.99平方米

在本案设计中，设计师Makoto Tanijiri摒除了以往的，比较传统的做法，提出了新的设计想法。
Lodge沙龙包括两个空间，一个是封闭的，一个是敞开的。这样一来，就同时满足了顾客和工作者的需求。顾客区域被分为三个空间，一个带架子的长镜子放置在顾客的视平线处，既是这三个空间的中心，又可以作为隔离物。
镜子和架子挡住了入口处顾客的视线，让造型区更具有私密性。另一方面，工作者可以在镜子里看到整个空间。通过控制隔离物的高度，就可以同时满足顾客和工作者不同的要求。而且，镜子的不锈钢板材也可以创造一个流动的空间。
因为摒除掉以往传统的设计想法，考虑到空间相互交错的关系，设计师找到更具有创造性的想法。他认为找到设计想法的根源比设计空间本身要更为重要。

平面图
1. 后院
2. 洗发区
3. 染色准备区
4. 造型区
5. 等候区
1
2
3
4
5

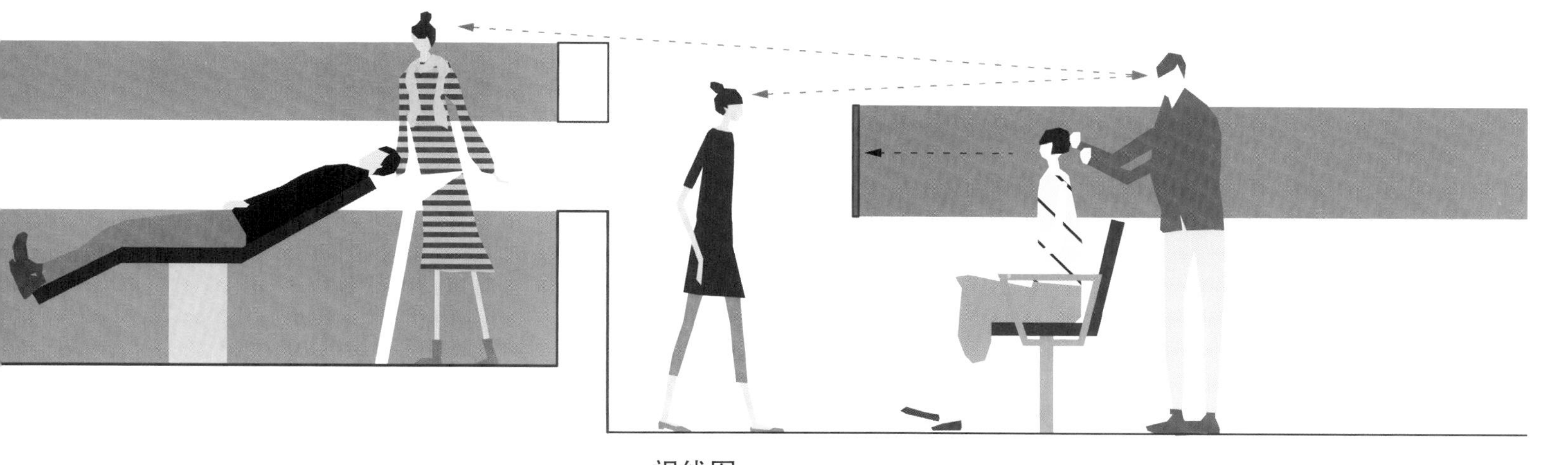

视线图

Scandinave Les Bains Vieux-Montréal SPA

加拿大，蒙特利尔

设计单位：Saucier + Perrotte Architectes

摄影：Marc Cramer
设计师：Gilles Saucier, André Perrotte, Jean-Philippe Beauchamp, Anna Bendix, Trevor Davies, Yves De Fontenay
结构工程师：Stavibel
机械/电气工程师：Leroux,Beaudoin, Hurens et associés
承包商：Société Desjardins-Larouche
客户：Gestion Rivière du Diable
面积：1 000平方米

Scandinave Les Bains Vieux-Montréal SPA位于古老的蒙特利尔的城市中心，正对Old Port的堤岸。这座建筑一个世纪以前遭受火灾，重建后就被用作仓库，直至最近新主人的到来，在首层新建了一个SPA。这个SPA主要是提供热疗。

本案的设计来源于热与冷的交替。具体来说，就是和热与冷相关的一些自然现象——冰河时代和火山岩。这两种设计元素结合起来，就突出一种二元性，二元性主要通过空间的形式和所选的材料明确地表达出来。

一踏出更衣室，顾客就会进入一个独一无二的世界。墙壁、地板、天花都有微微的倾斜，这些倾斜的角度虽然很细小，但是足以区分各个空间，同时也增强了顾客对周围环境的认可，让顾客的脚步留在这里。正如在自然景观中，地面上轻微的起伏就会构成一个个缓坡和小小的水池。在特殊的时候，桑拿和蒸气浴会拔地而起。波浪形的木制天花与地面相得益彰。暖色的木板似乎要融化了白色大理石马赛克。由黑色板岩构成的悬臂式长椅热热的，为顾客提供了一个休息放松的好地方。

乳白玻璃让自然光线从建筑现有的开口中照射到室内，散落到浴池区。这样，浴池区看起来更加纯洁无瑕，让顾客感觉更加平和、舒心。靠近de la Commune街一边，一层薄薄的水瀑布般落在玻璃上。路人只能看见热水浴池模糊的轮廓。顾客热疗以后，就可以躺在摇摇椅上或是躺椅上休息。

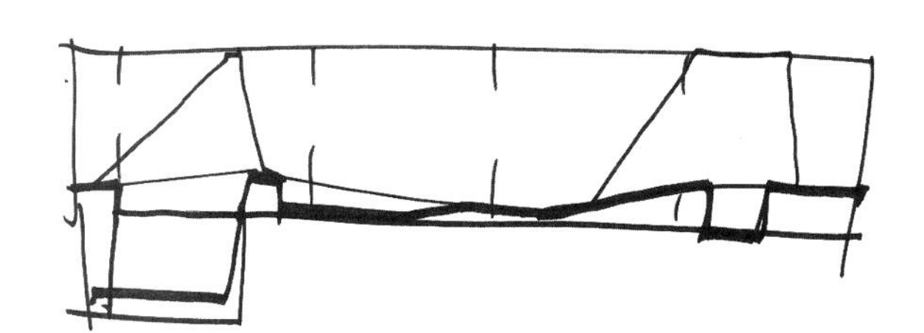

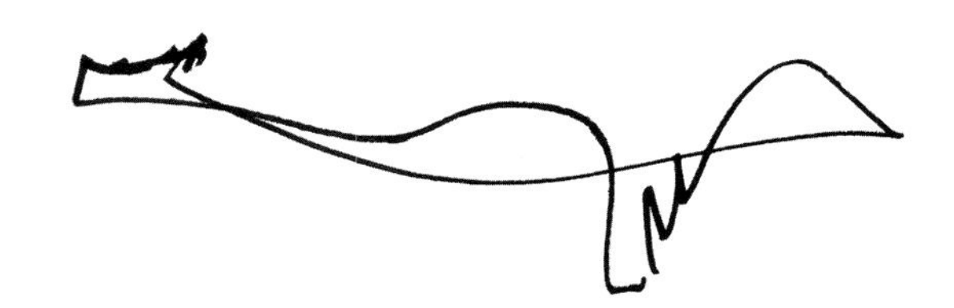

乳白玻璃让自然光线从建筑现有的开口中照射到室内，散落到浴池区。这样，浴池区看起来更加纯洁无瑕，让顾客感觉更加平和，舒心。

波浪形的木制天花与地面相得益彰。暖色的木板似乎要融化了白色大理石马赛克。

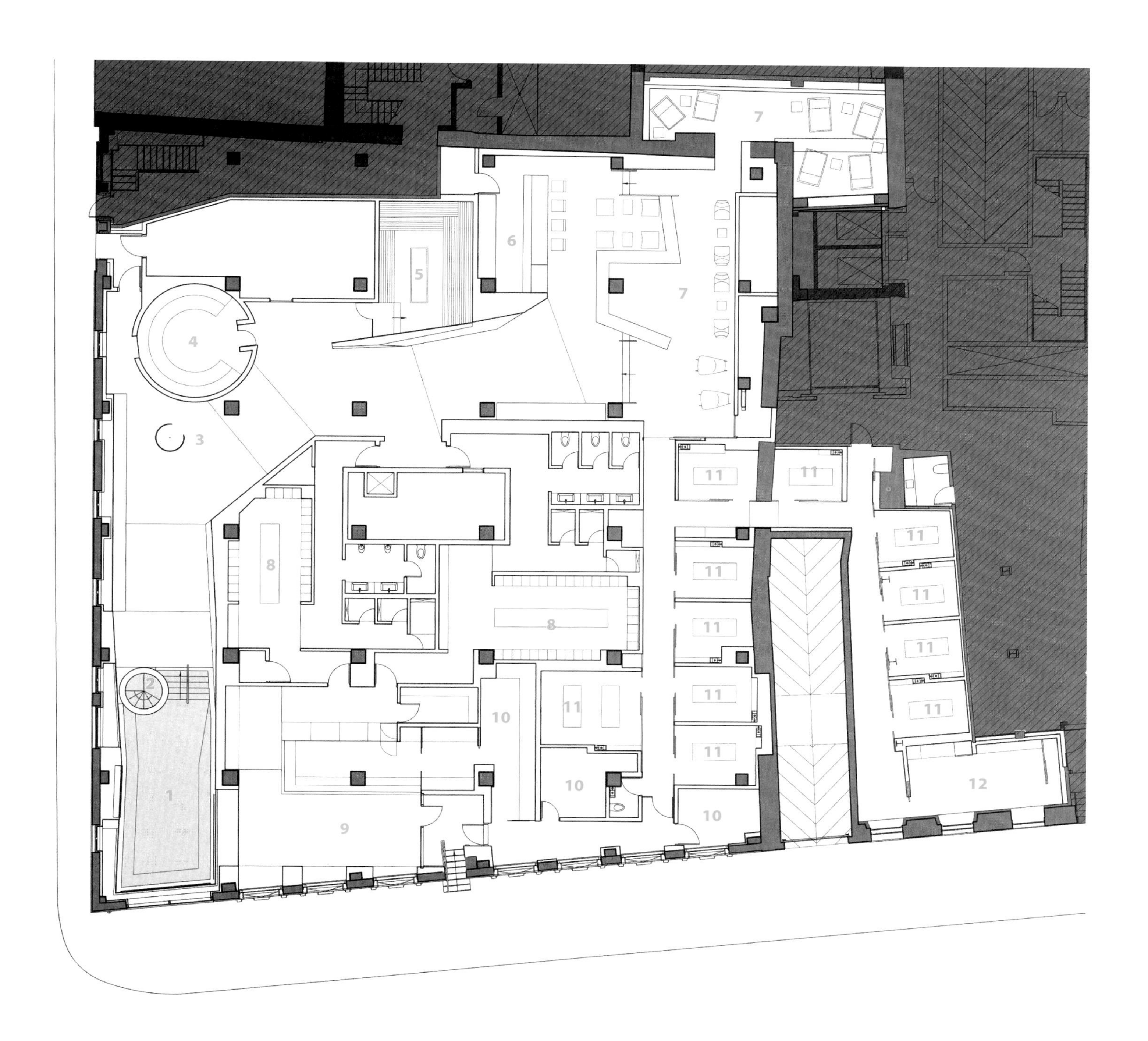

平面图

1. 浴池
2. 冷浴池
3. 冷水淋浴
4. 蒸气浴
5. 桑拿
6. 果汁台
7. 休闲室
8. 更衣室
9. 接待区
10. 办公室
11. 按摩室
12. 员工室

纵剖面图

自然采光散落到浴池区，让浴池区看起来更加纯洁无瑕，让顾客感觉更加平和，舒心。

New Room发廊

葡萄牙，布拉加

设计：Nuno Capa

摄影：Rui Pires
总承包商：Castro & Castro Rodrigues, S.A.
客户：Pedro Remy
面积：66平方米

New Room发廊位于一座宽敞的建筑里，现代而简约，打破了千篇一律的发廊设计。

整个空间带有一种原始、粗糙之美。地面，天花，墙体全部是裸露的混凝土，高高的天花没有经过任何处理。造型区最引人注意的就是一条透明的织物窗帘做成的蛇。长长的窗帘从天花上垂下，看起来就像是从天堂掉下来似的，可以沿着滑道滑动，自由敞开和收紧，不经意间将空间分成若干的小空间，给顾客提供了更多的个人空间，而且也没有影响空间的通透性和连贯性。透明的窗帘看似面纱，更容易引起顾客的好奇心——面纱后面的到底是怎么样的风景呢?

白色的夹层有两个私人区域：美容室和化妆室。这两个区域都是由白色的瓦楞薄钢板环绕着，尽显工业气息。垂直是给顾客最直接，也是最深刻的几何印象。另外，在灯光和窗帘的衬托下，整个空间的空旷也会给顾客留下深刻的印象。发廊的陈设都是专门定做的。

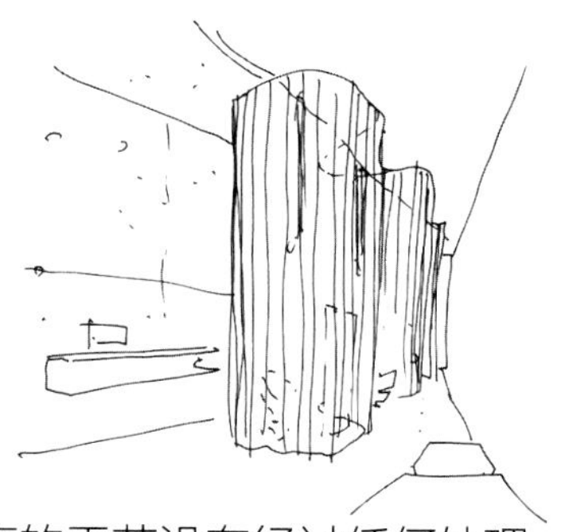

高高的天花没有经过任何处理。最引人注意的就是长长的窗帘从天花上垂下，看起来就像是从天堂掉下来似的；可以沿着滑道滑动，不经意间将空间分成若干的小空间，而且也没有影响空间的通透性和连贯性。

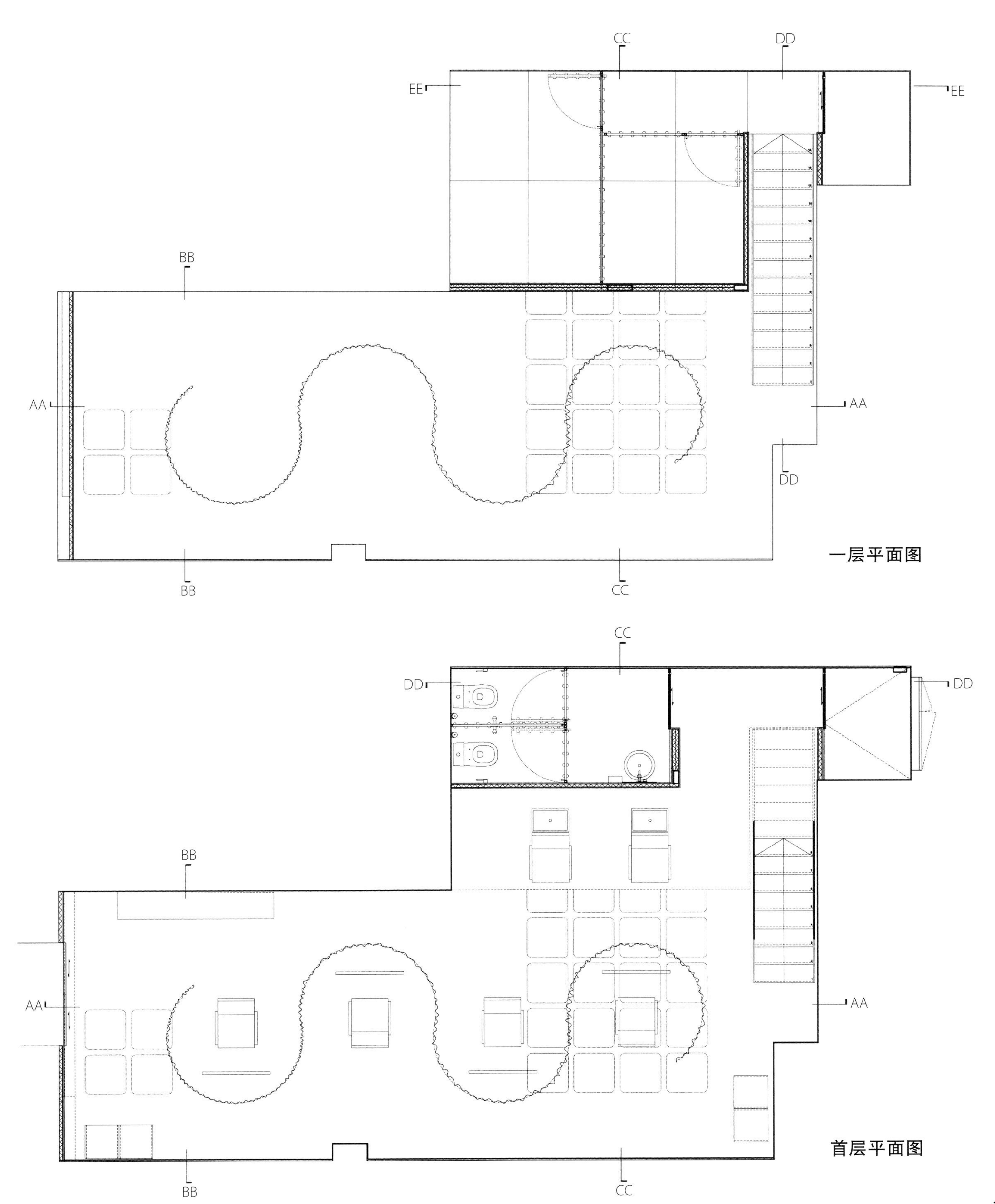
CC
DD
EE
EE
BB
AA
AA
DD
BB
CC
一层平面图
CC
DD
DD
BB
AA
AA
BB
CC
首层平面图

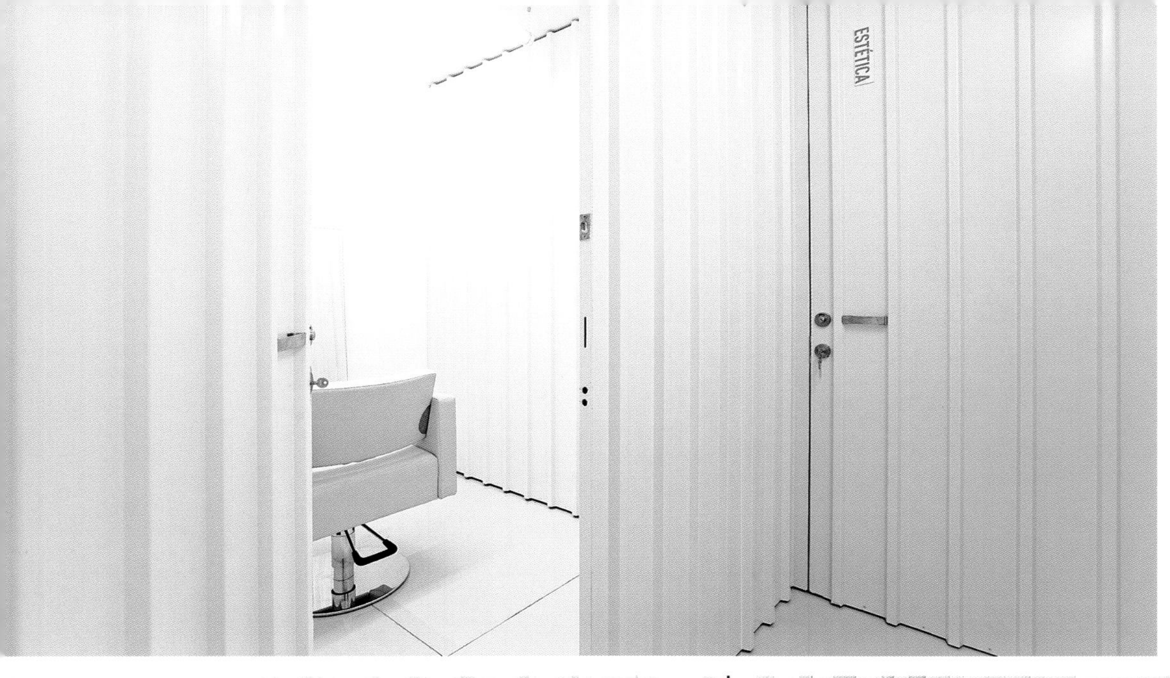

白色的夹层有两个私人区域：美容室和化妆室。这两个区域都是由白色的瓦楞薄钢板环绕着，尽显工业气息。

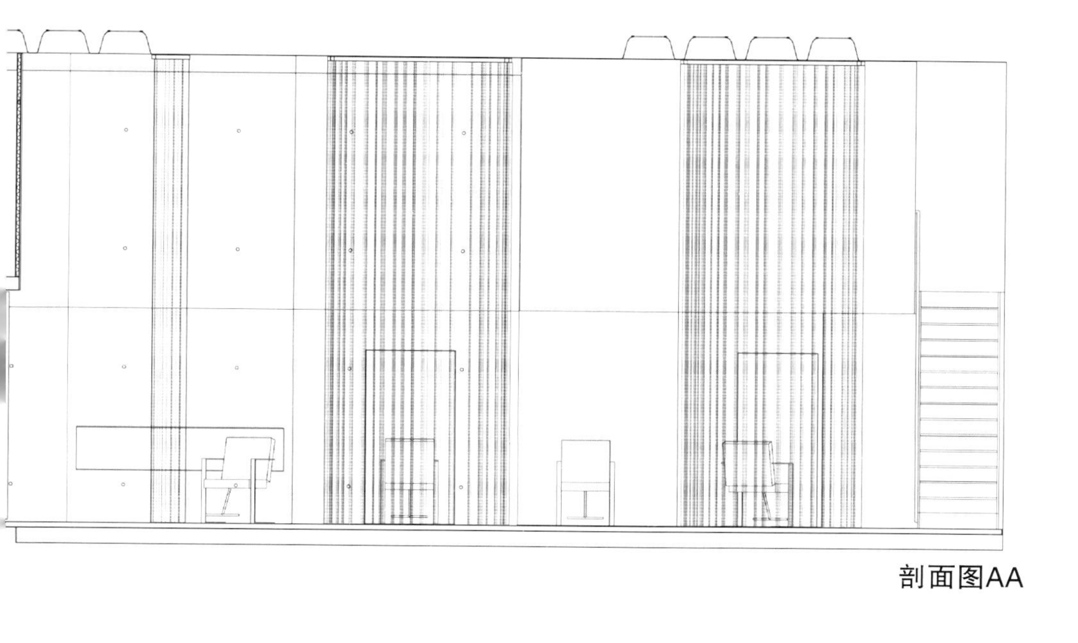
剖面图AA

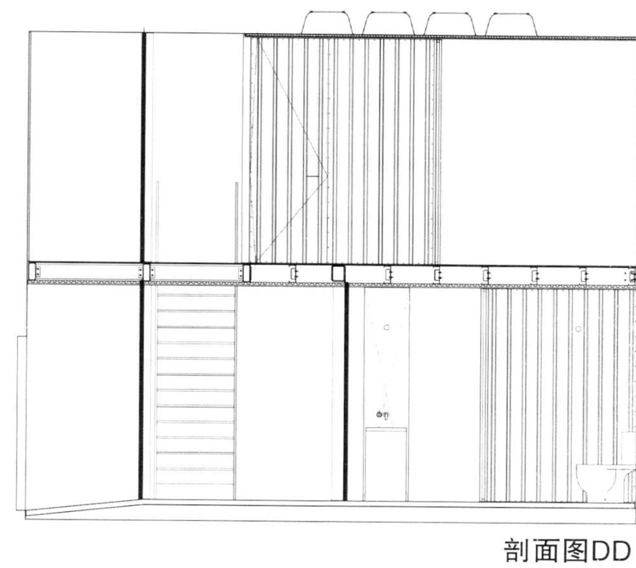
剖面图DD

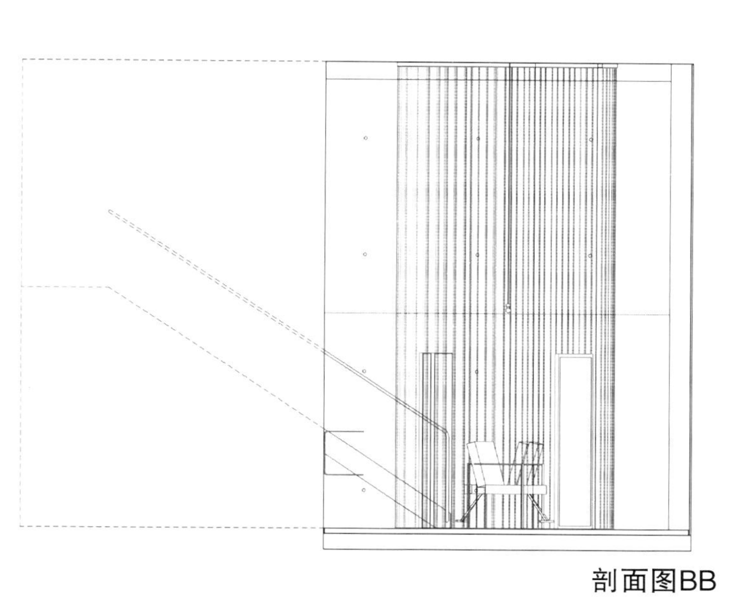
剖面图BB

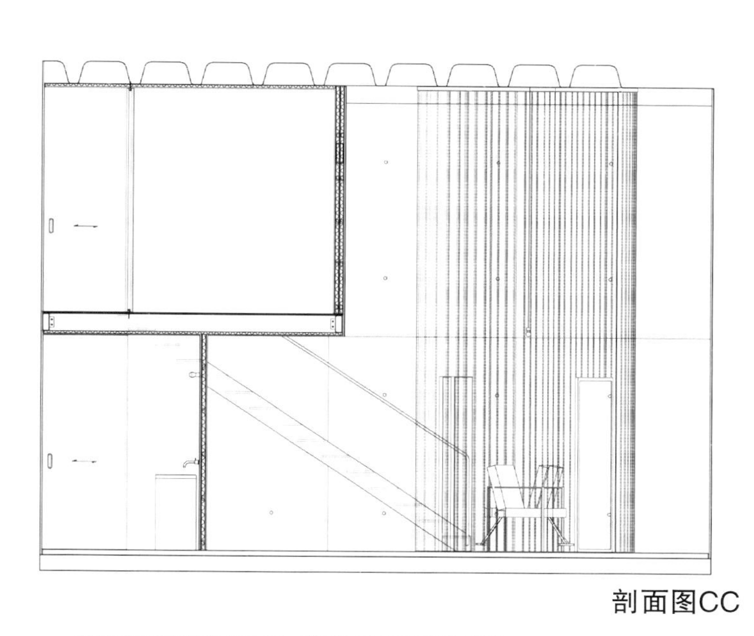
剖面图CC

Mars SPA

日本，东京

设计单位：Curiosity

摄影：Nacasa & Partners
设计师：Gwenael Nicolas
建造：Stero Type
面积：315平方米

位于青山区根津美术馆公园旁边的Mars沙龙又增建了一个SPA。原有的指甲护理沙龙非常成功。新建的SPA在空间上除了保持指甲护理沙龙的特色以外，氛围上与其明亮、轻快的氛围形成鲜明的对比。一系列垂直的木板在光与影的衬托下，给空间创造了一种韵律感。这些木板看起来类似“牌坊”——神道教圣地的大门，象征着人的肉体与精神的分界处。

休息室大大的沙发被悬浮在空中的绿草和小树包围着，显示出浓浓的欢迎之情。用于SPA的各种产品被小心地放置在垂直木板间的横轴上。穿过长长的走廊，SPA区就会意外地出现在面前。灯光从天花直落到地面上，顾客的思绪似乎也被理顺了，心情得到舒畅。

在走廊的尽头有一个咨询室。咨询室内有一张沙发和一个休息区。休息区有大量的插花艺术展示，具有浓浓的本土特色。鲜花装饰会随着季节的变化而有所不同。治疗室的不同区域是由一系列垂直的百叶窗分隔开的。不同的灯光和材料的运用，丰富了反射和折射，创造了一个轻松的氛围。

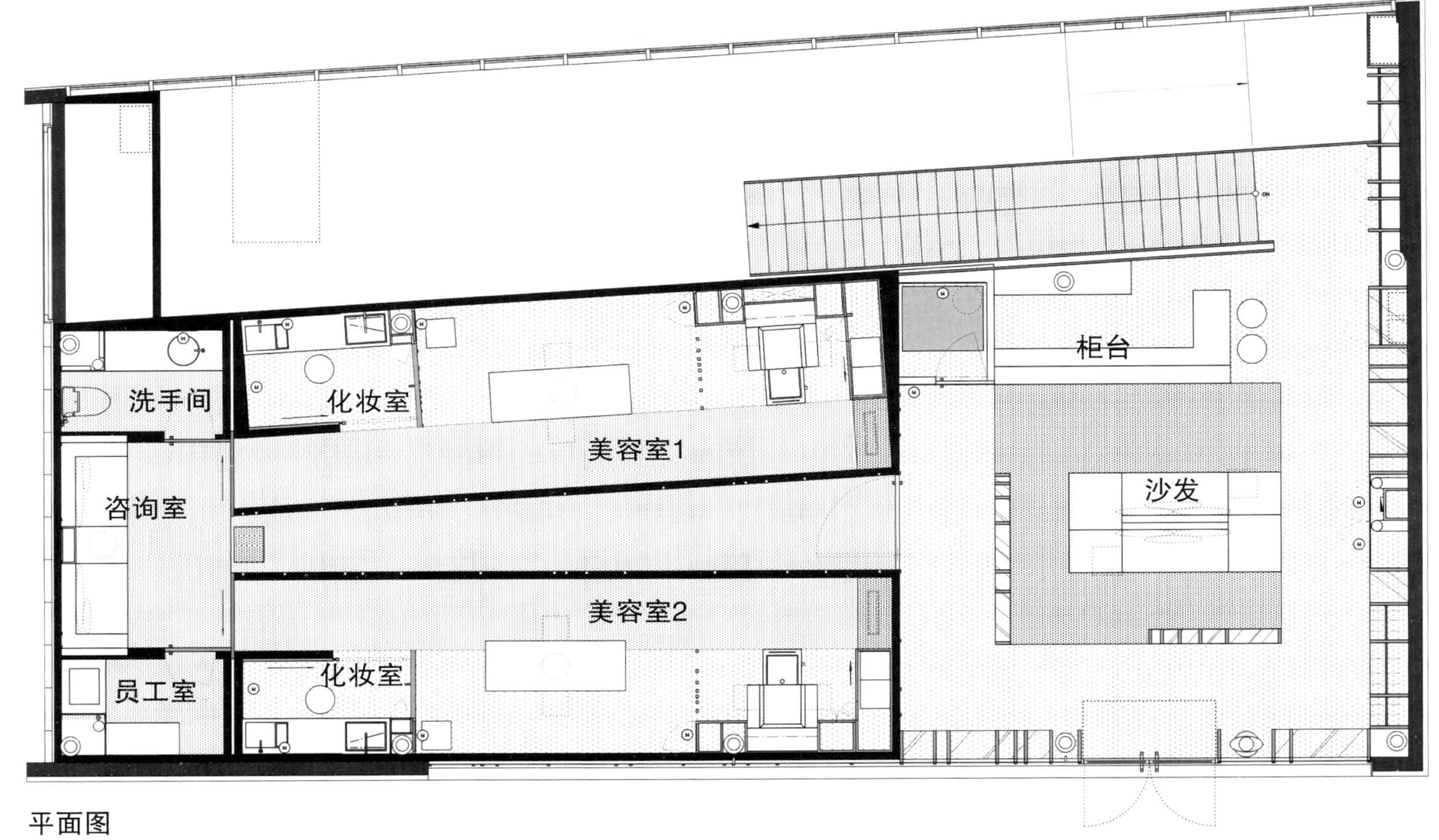

平面图

一系列垂直的木板在光与影的衬托下，给空间创造了一种韵律感。

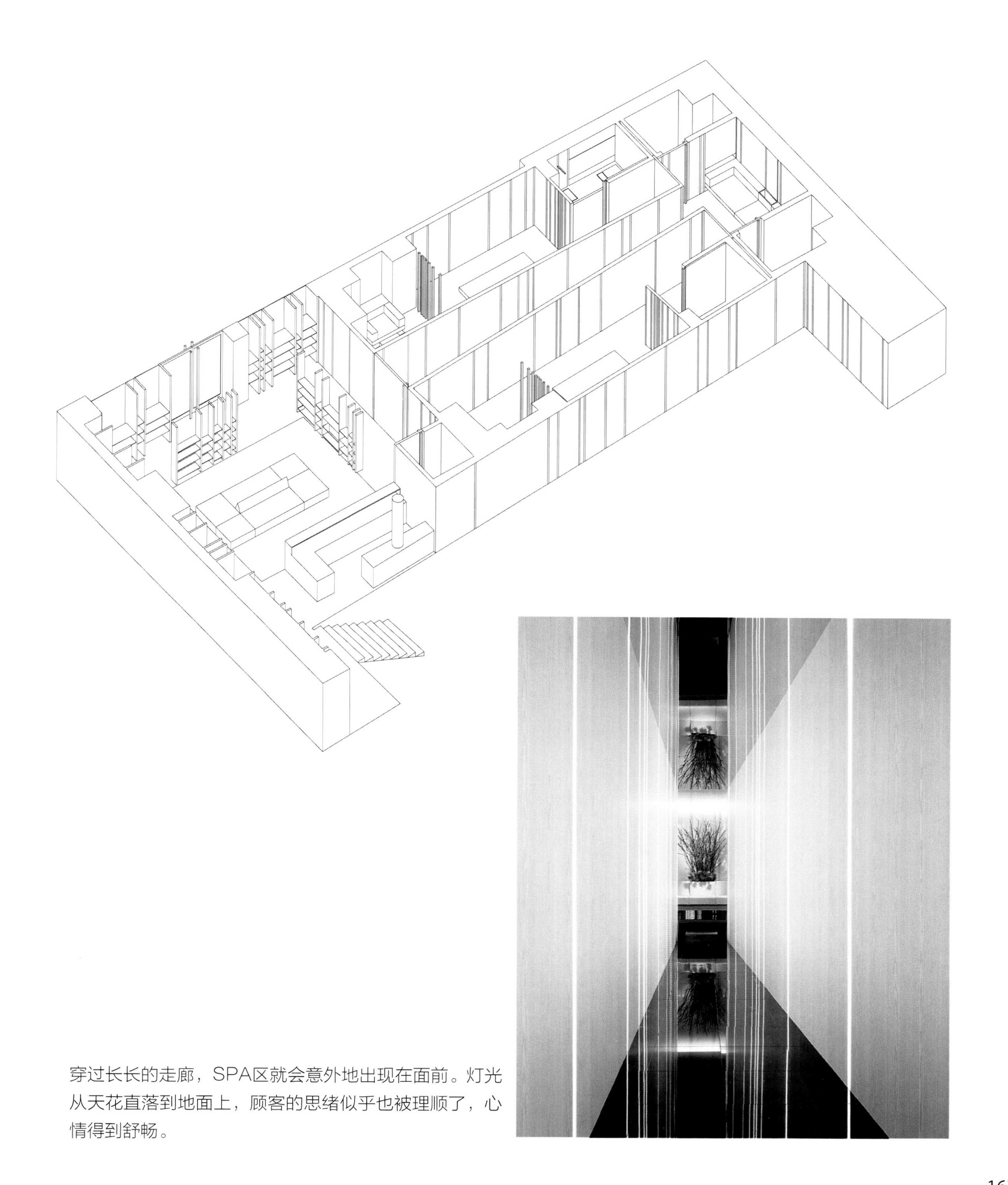

穿过长长的走廊，SPA区就会意外地出现在面前。灯光从天花直落到地面上，顾客的思绪似乎也被理顺了，心情得到舒畅。

Castell dels Hams酒店养生中心

西班牙，马略卡岛

设计：A2arquitectos, Juan Manzanares Suárez and Cristian Santandreu Utermark

摄影：Laura Torres Roa and Antonio Benito Amengual
合作者：Rut Prieto Martínez
客户：Hotel Castell dels Hams
建筑者：Promotora los Rosalitos S.L
施工技术员：Regina García Borrás
结构工程师：Melchor Mascaró
面积：700平方米

Castell dels Hams酒店在1967年建造，从一个荒郊的小旅馆成为如今马略卡岛东部最有特色的酒店。最近的改建让这个酒店不仅仅是一个度假的地方，改建的中心是替换温水池的屋顶和立面，并建造一个新的SPA。

本案被分为两个独立的区域，各有各的功能。浴池区用一系列正方形的天窗装饰，阳光透过这些天窗洒入室内，让整个空间看起来更加自然、和谐。SPA区主要是用于皮肤护理和休闲，不仅自然采光充足，而且为顾客提供惊人的自然景观。这两个区域都可以通过酒店的大堂到达。浴池原本就是存在的，因为位于酒店的后面，所以大面积被荒废了。本案的目的不仅仅是重建浴池区和SPA区，提高它们的品质，而且还需凸显出它们在酒店的核心地位。最终，本案成功了。浴室的天花由正方形的天窗点缀，室内光影交错。另外，浴池区的立面也得以更新，屋顶也被整修为绿色的。SPA区彩色的灯光浴从天花直泻而下，让建筑本身也成为愉悦顾客的一部分——营造了一种幸福的氛围，与大自然和谐相处。

立面图

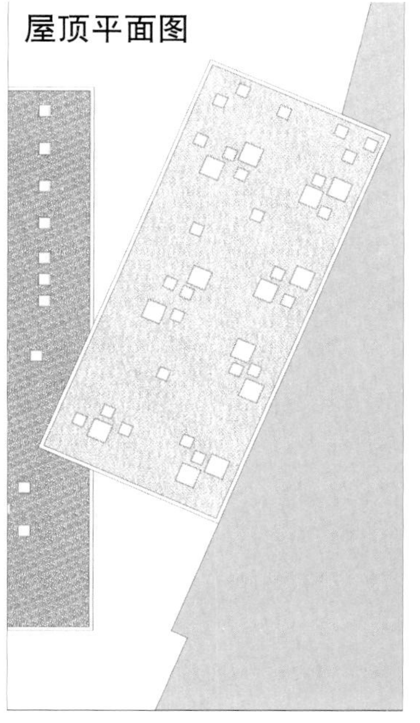

屋顶平面图

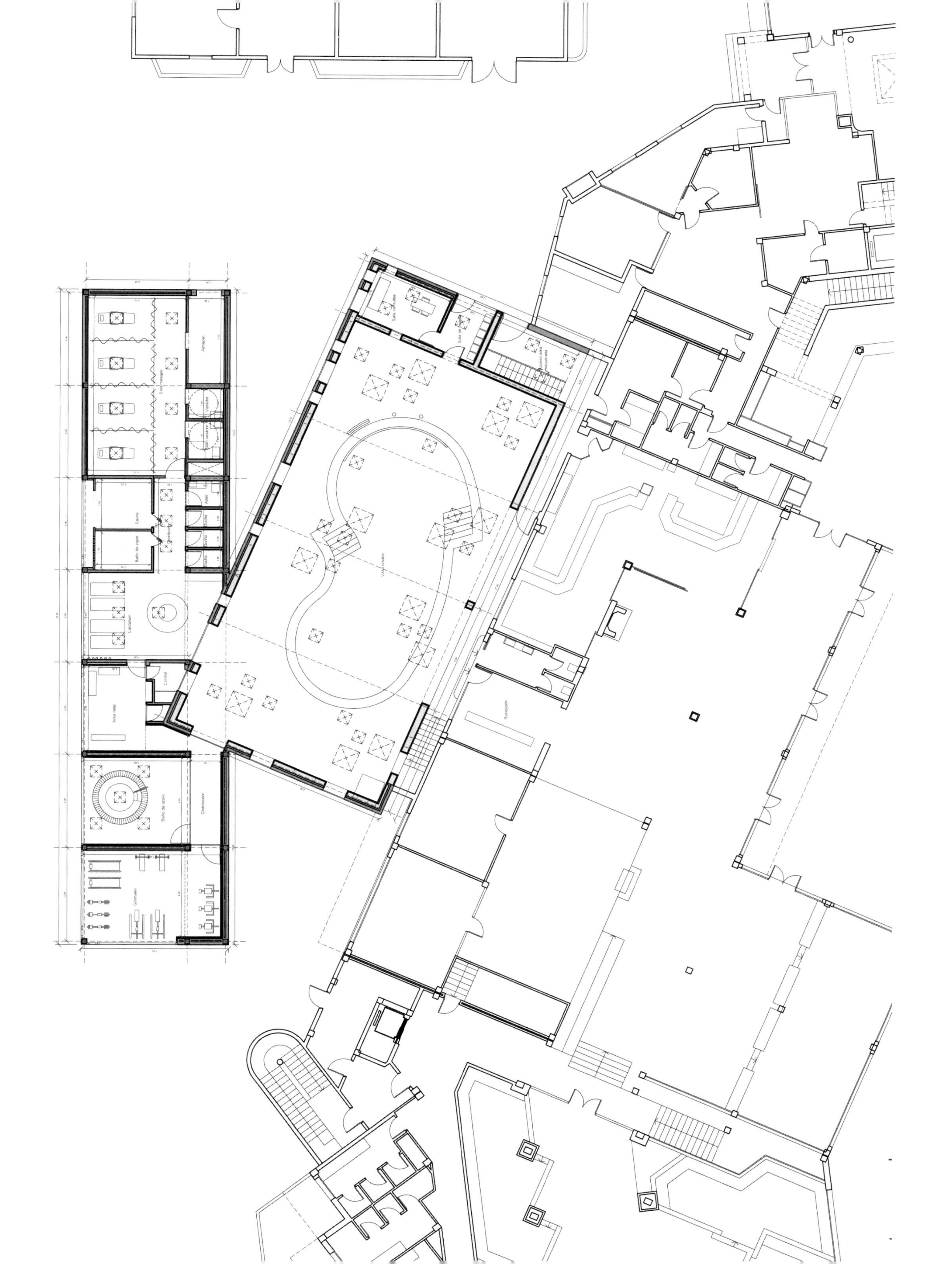

浴池区用一系列正方形的天窗装饰，阳光透过这些天窗洒入室内，让整个空间看起来更加自然，和谐。SPA区主要是用于皮肤护理和休闲，不仅自然采光充足，而且为顾客提供惊人的自然景观。

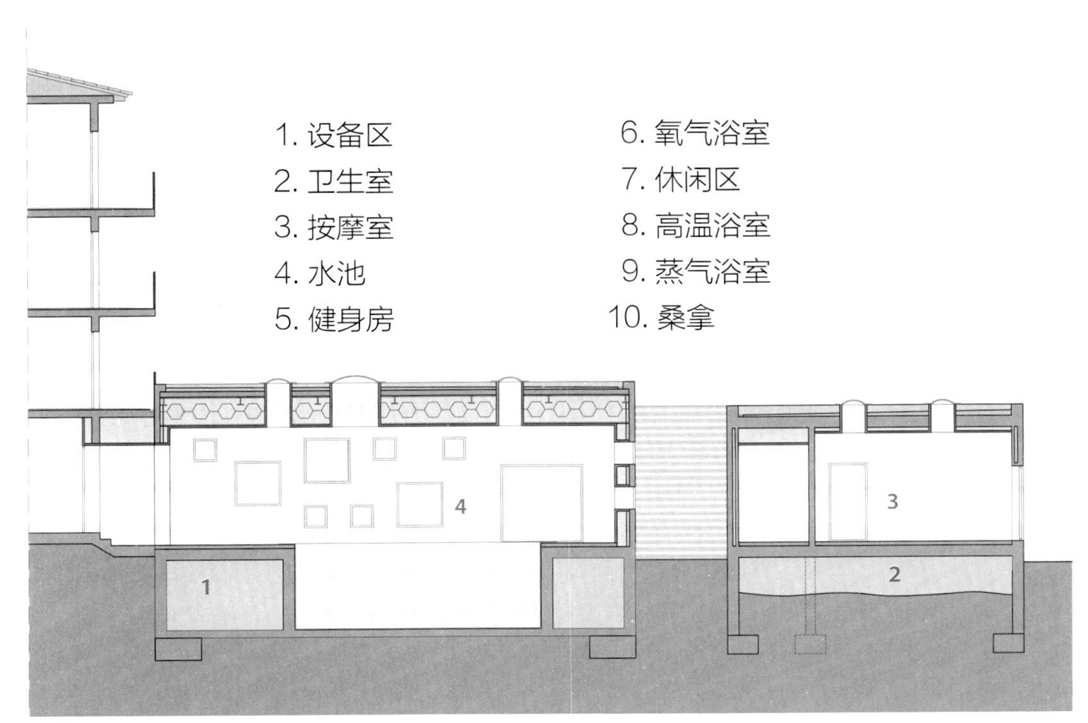

剖面图

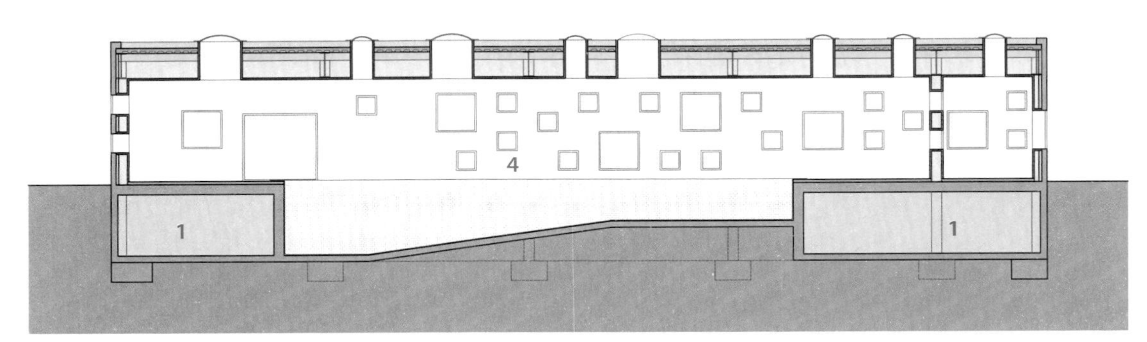

水池剖面图

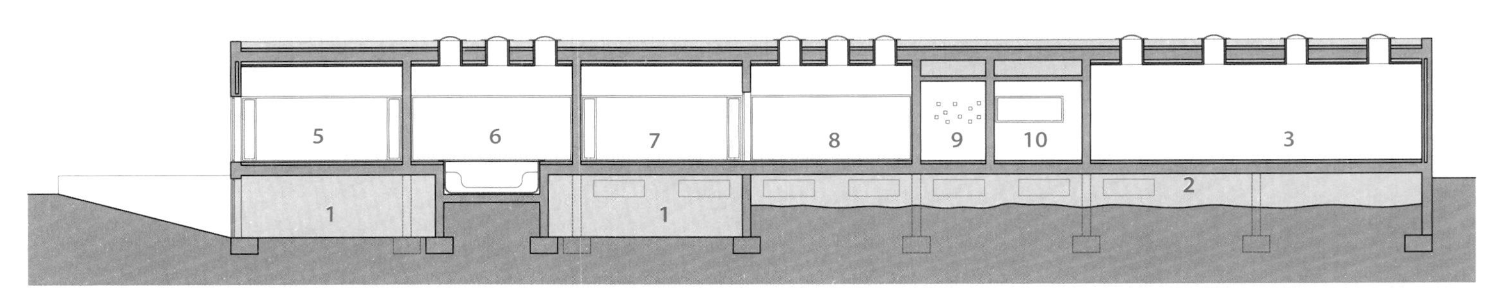

SPA剖面图

CALDARIUM

Anne Fontaine SPA

法国，巴黎

设计：STUDIO ANDREE PUTMAN

摄影：Satoru Umetsu (Nacasa & Partners Agency)

本案由Andrée Putman和法国设计师Anne Fontaine共同合作而成。Anne Fontaine希望在她巴黎的时尚精品店下面设计一个SPA。
蓝色的墙体由埃诺石构成。温暖的前厅里深巧克力色的沙发邀请顾客坐下来，得到放松。水成为精品店和SPA的统一元素。治疗室由马赛克装饰，主色是灰色和克莱因蓝。所选的材料都是天然的，包括棉花，丝绸和野生竹子。
Andrée Putman将SPA的体验描述成一次惬意的散步之旅。首先进入一个白色的空间，接着到达一个木制的空间，然后到达一个水的空间。木头、石头和水的结合创造了一个独一无二的休闲空间，让人印象深刻。

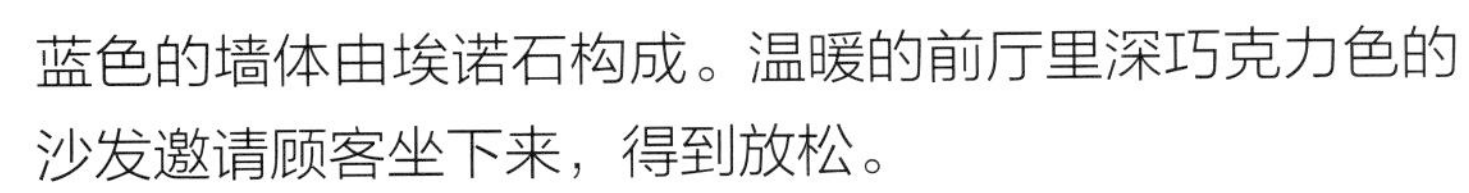

蓝色的墙体由埃诺石构成。温暖的前厅里深巧克力色的沙发邀请顾客坐下来，得到放松。

曲线发廊

日本，名古屋

设计：Studio Velocity

摄影：Studio Velocity

本案包括一个有两个车位的停车区，一个干洗店和沙龙。因为沙龙本身只有44平方米，而且位于建筑的后面，远离街道，所以建筑必须具有十足的吸引力。设计师们提出了曲线的建筑体量，因此可以保证最宽和最高的部分可以位于场地的后面，最窄的部分可以通向街道。曲线体量穿梭于整个场地，同时也创造了一系列不同的户外空间——花园，干洗店，还有停车区。

发廊有一个开放式的布局，因此在入口就可以看到整个空间。但是曲线的外墙挡住了部分视线，倒添了几分神秘的色彩，惹人好奇。

进入入口，整个空间不管是在水平还是垂直方向上都很开阔。在末端，空间相对来说会更小一点。建筑立面也是曲线设计，这就平衡了户外和室内视觉上的统一性。尽管整个室内空间是敞开的，但是仍然被划分为三个密度和走向不同的区域。第一个是入口空间。入口与街道直接相连，虽比较狭长，但是却突出了空间的宽阔。第二个区域是位于空间中心的剪发区。阳光有节奏地通过五个小型的窗户洒进来，同时这些窗户也将户外的花园风景纳入室内。第三个区域是洗发区。一个大型的天窗使得这个区域成为沙龙里最明亮的一部分。在这里，顾客可以在洗头的时候看到天空。

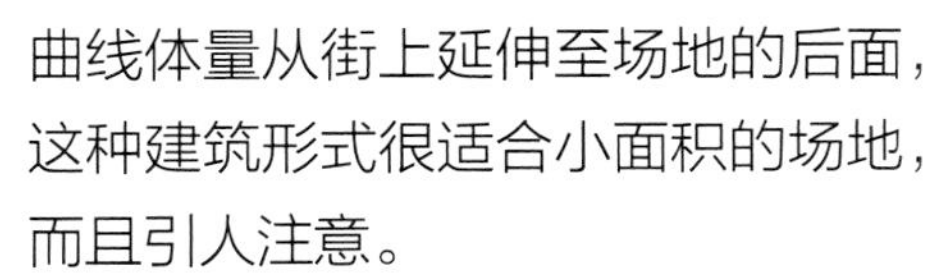

曲线体量从街上延伸至场地的后面，这种建筑形式很适合小面积的场地，而且引人注意。

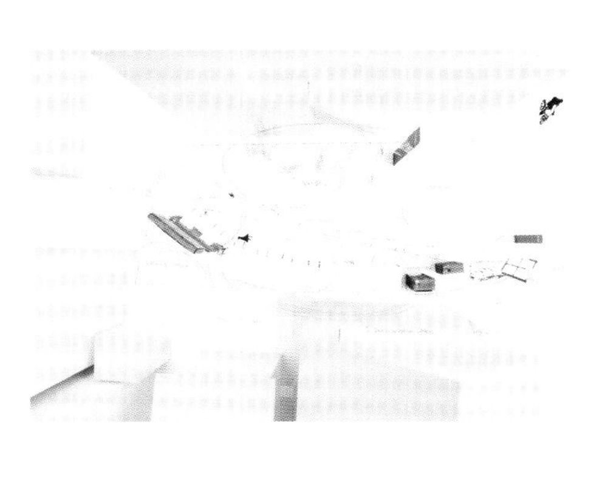

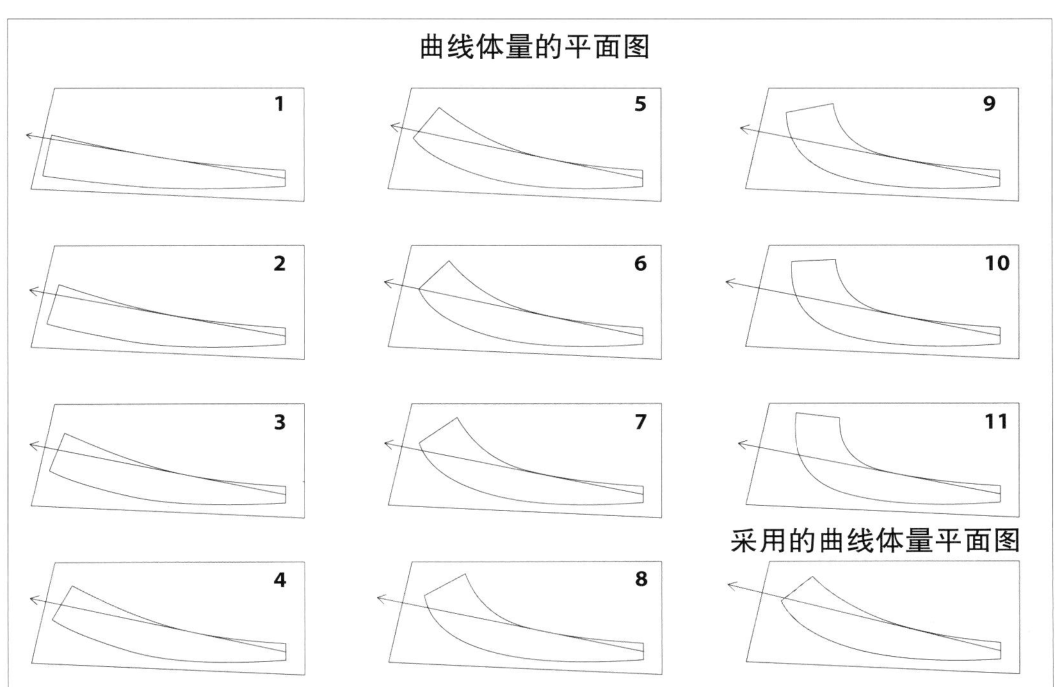
曲线体量的平面图
1
5
9
2
6
10
3
7
11
采用的曲线体量平面图
4
8

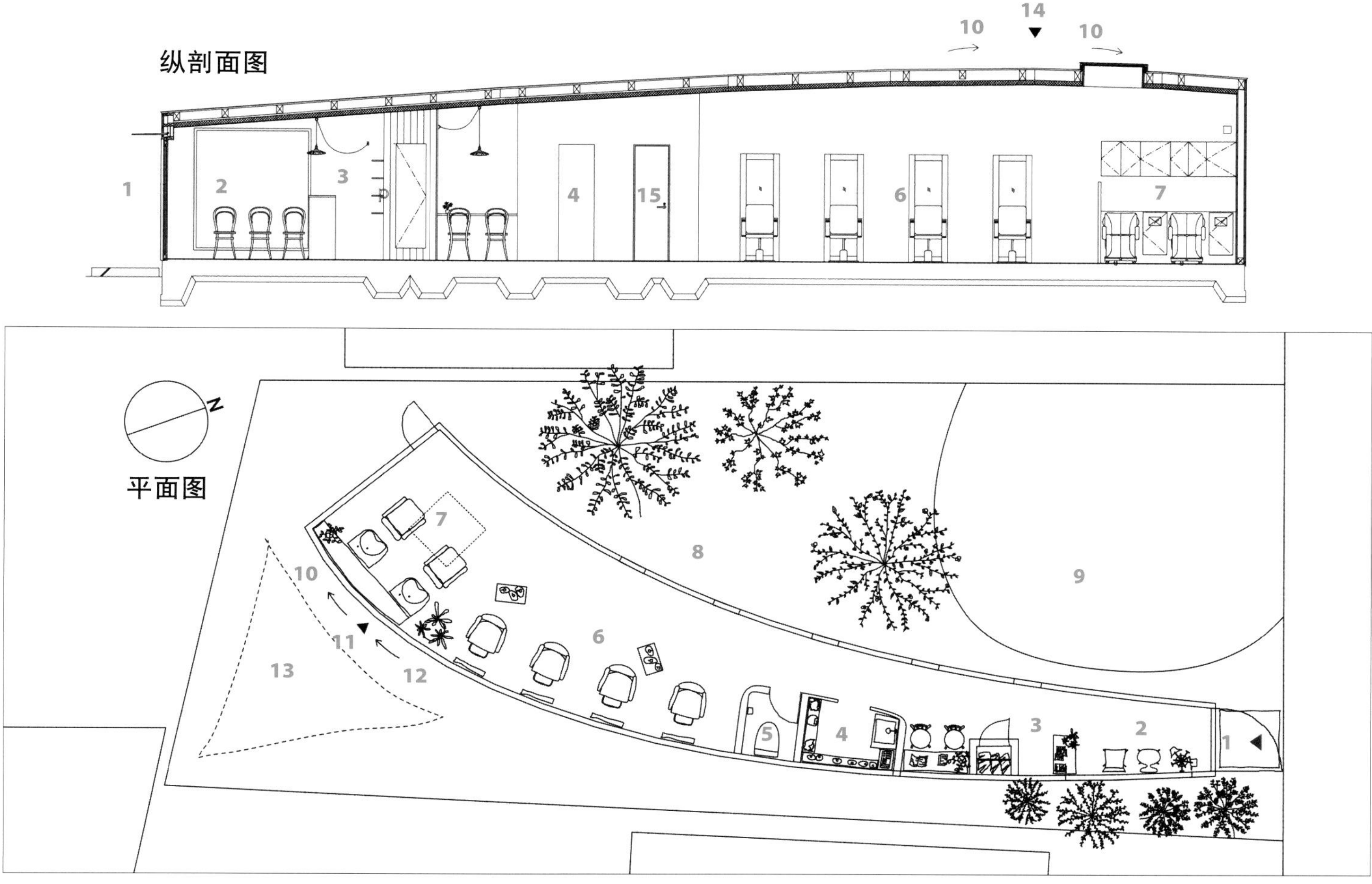

1. 入口
2. 等候室
3. 接待区
4. 员工室
5. 洗手间
6. 剪发区
7. 洗发区
8. 花园
9. 停车区
10. 空间开始缩小点
11. 最宽区
12. 三岔口
13. 干洗店
14. 最高区
15. 洗手间

艾科拉酒店新养生中心

法国，尼斯

设计：Simone Micheli

摄影：Jürgen Eheim
客户：Boscolo Hotels
面积：700平方米

“设计一个能够让身心得以重生的休闲空间意味着通过当代的情感和创意的精神将现有的历史背景与将要设计的空间融合在一起，进行和谐的交流。这个空间必须具有强烈的特色来诱导出顾客的各种感受。”

上述是设计师Simone Micheli在设计艾科拉酒店新养生中心的时候的想法。本案是建筑、感觉和养生的立体表达形式。简单而功能强大的陈设，可塑的流动型的形式，所有的元素都可以被顾客渐渐感受到。

接待区位于中心位置，可以通过酒店的大堂，客房以及户外到达。接待台是用塑料构成的，光亮的白漆使之一目了然。接待区的一边是养生区，另一边是衣帽间。养生区最显著的特色就是白色的墙壁和镜子。通过衣帽间，顾客可以看到更多的SPA设备。这里的墙体都是由聚氨酯、石膏和白树脂构成的。

继续往前走，就会有蒸气浴室、芳香淋浴、Vichy淋浴、冰室、冷浴池和热浴池。桑拿室和蒸气浴室是由一个大型的光滑门隔离开的。桑拿室用雪松压条包裹着，蒸气浴室被装饰得闪闪发光。休闲室的地面是由天然石头铺砌的。彩色的天花，奢华的躺椅，整个空间极具诱惑力。养生旅程的最后一站就是漩涡浴室，由玻璃马赛克包裹着。

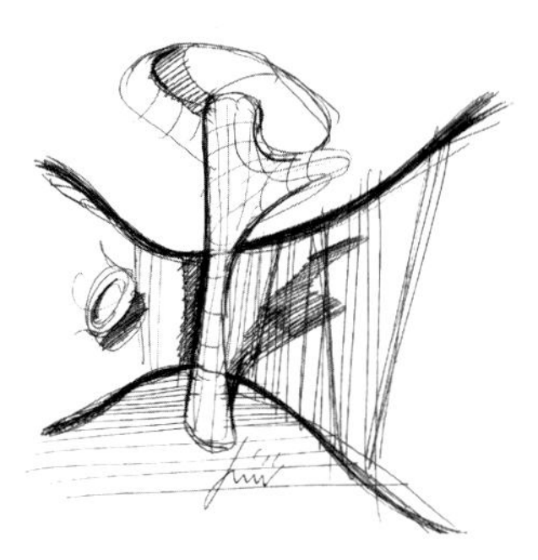

接待区位于中心位置，可以通过酒店的大堂，客房以及户外到达。接待台是用塑料构成的，光亮的白漆使之一目了然。

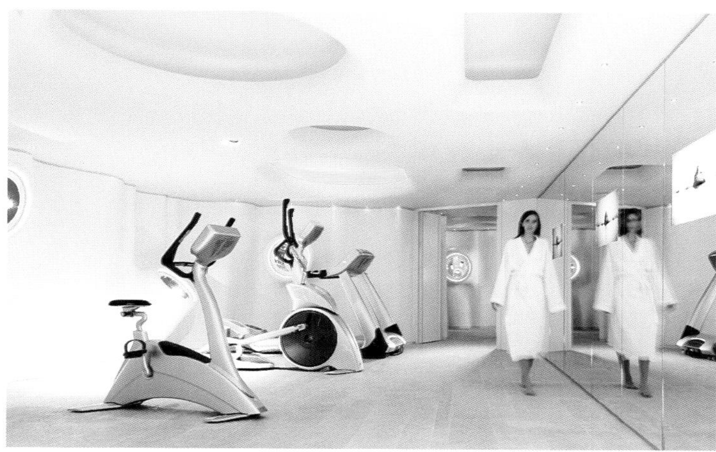

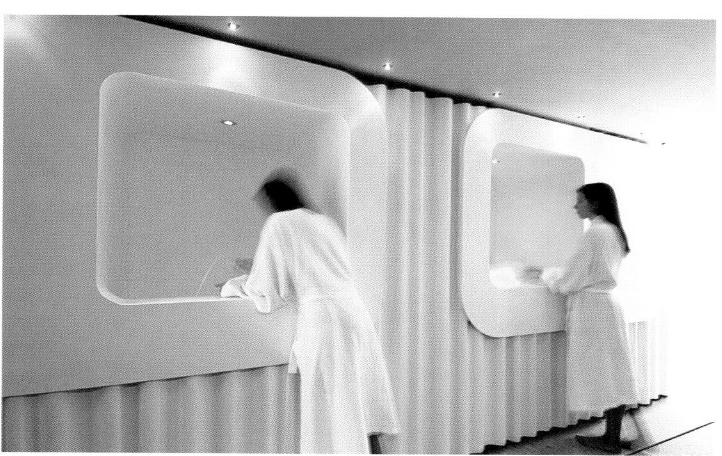

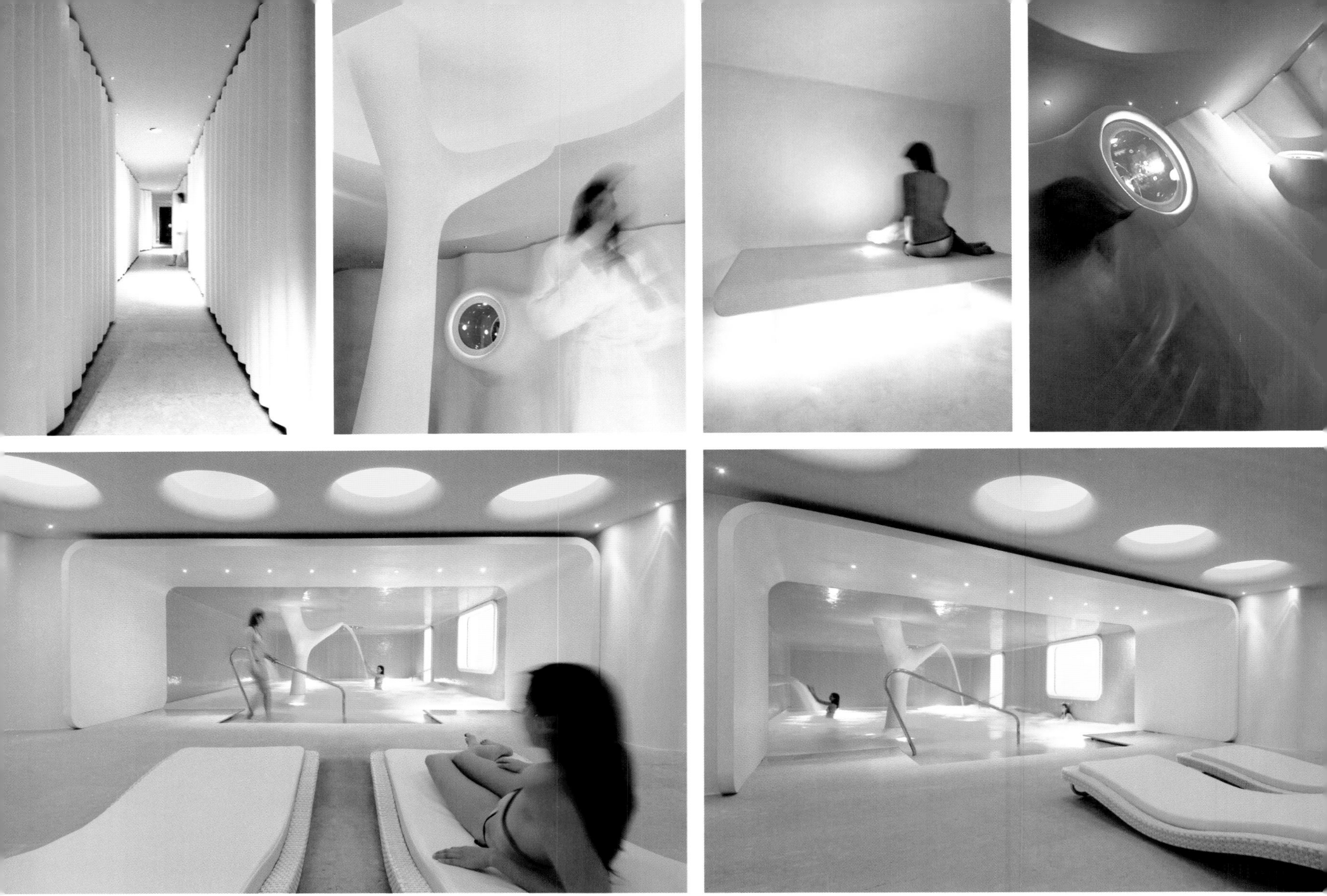

平面图

1. 入口
2. 接待区
3. 养生区
4. 男士更衣室
5. 女士更衣室
6. 治疗室
7. 桑拿
8. 蒸气浴室
9. 芳香淋浴
10. 休闲区
11. 游泳池
12. 浴池休闲区

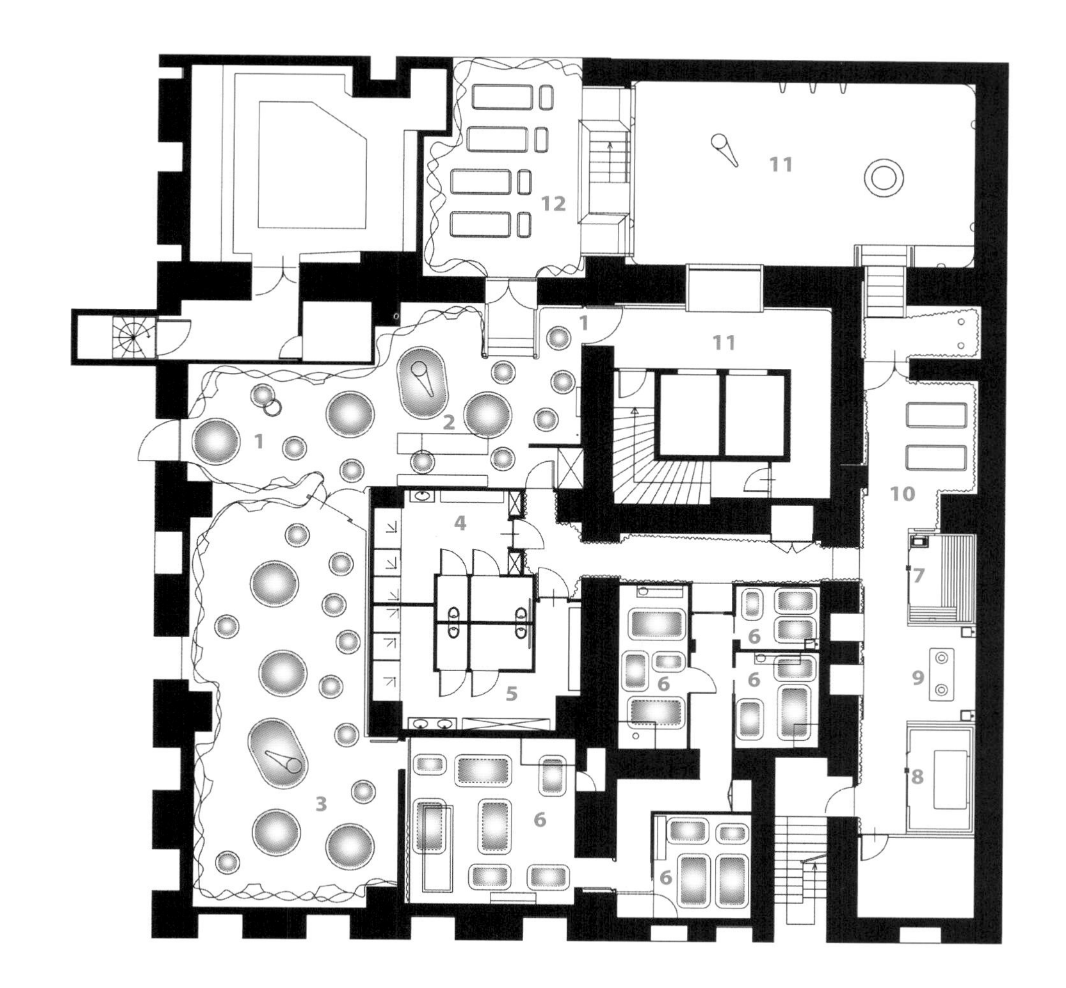

Himmelblau沙龙

意大利，蒂罗尔

设计：Stefan Hitthaler

摄影：Stefan Hitthaler

本案位于意大利蒂罗尔的Welsberg村庄，是一种完全倒转的设计。
设计的目的在于创造两个完全不同的“世界”，让这两个“世界”同时存在于一个项目中。第一个世界是可以预想到的，但是位于楼下的第二个世界就是一个完全倒转的设计。地面代表天空与白云，天花喷上了鲜绿色的泡沫塑料，创造了一个立体的草坪。
设计师Stefan Hitthaler和沙龙的所有者Franziska希望能够唤起顾客的好奇心，吸引他们去发现不同的世界，让他们有权选择自己喜欢的世界。除了具有娱乐价值以外，Hitthaler说这种与众不同的设计是最适合Franziska的——Franziska是一名与众不同的商人，他擅长根据自己的感觉来改变自己头发的颜色和造型。
设计想法来源于蒂罗尔传统的小屋——木制结构，倾斜的屋顶。设计师将木屋的结构简化为一个简单的体量，在两个世界里都能引人注目。所建造的木屋是由落叶松木板搭建的，外面粗糙而里面光滑。喜欢安静的顾客在这里也可以找到小型的木屋。当然也有稍微大型的木屋，这种木屋可以容纳三个椅子。
接待区位于入口处的第一个木屋，其中的陈设很具有当地的特色。为了能够展示沙龙所卖的美发产品，设计师专门设计了一个独立的庞大的梳子。梳子的齿就可以充当架子来摆放产品，并且内部安装了照明设施。楼下三个木屋却是倒过来的——它们的屋顶在地面上，而屋基却在天花上。
Himmelblau沙龙是设计师迄今为止第一个沙龙作品，而且第三个“世界”的草图已经成型。第三个“世界”是专门为特别的顾客，特别的时刻设计的。

二层平面图

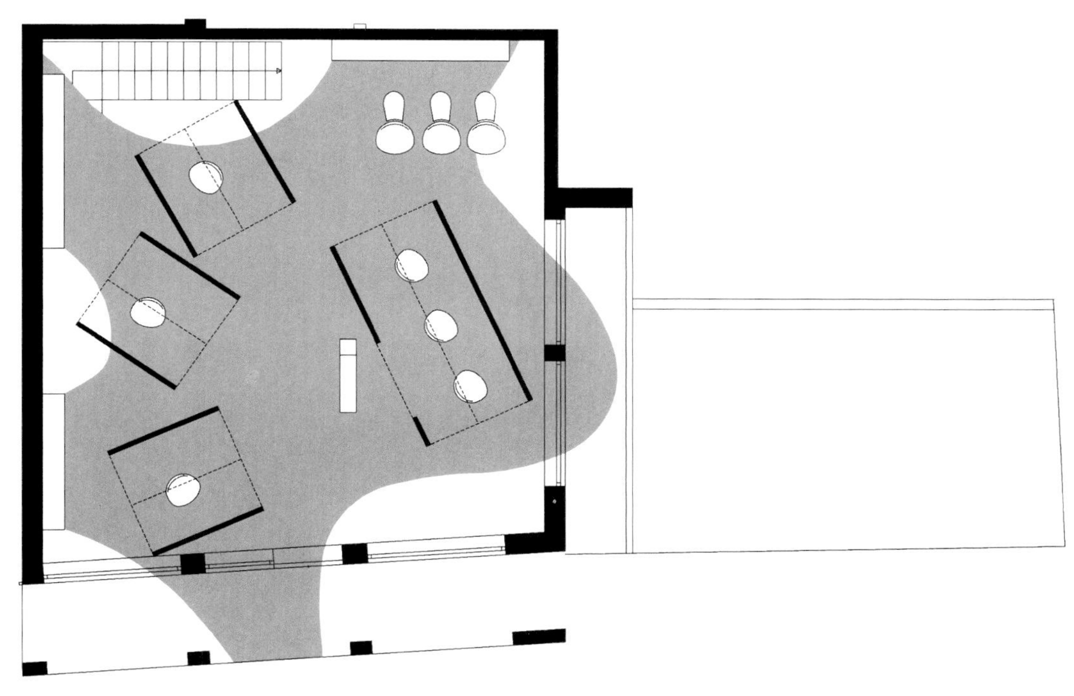

一层平面图

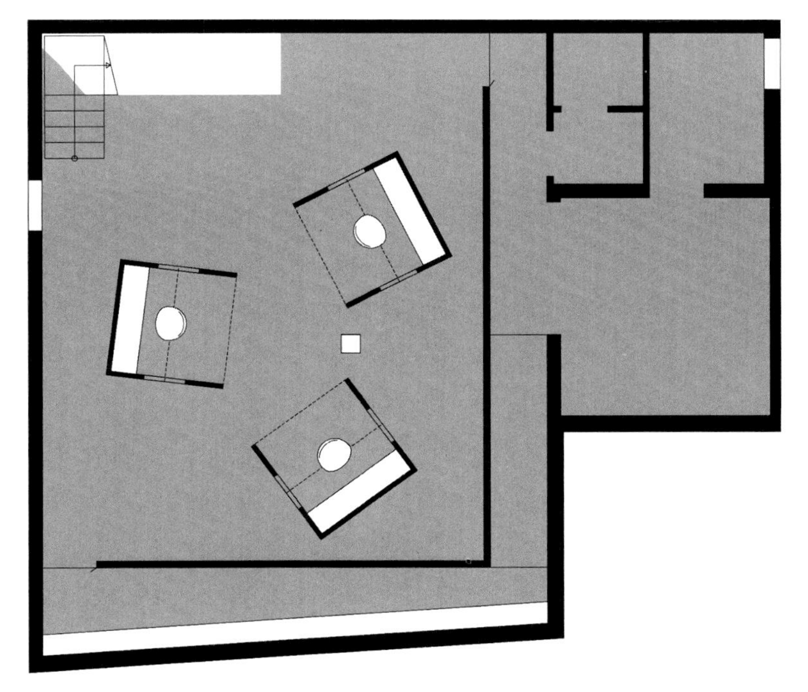

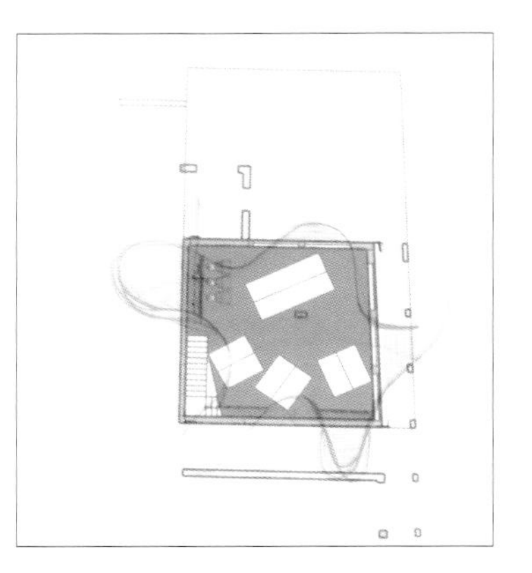

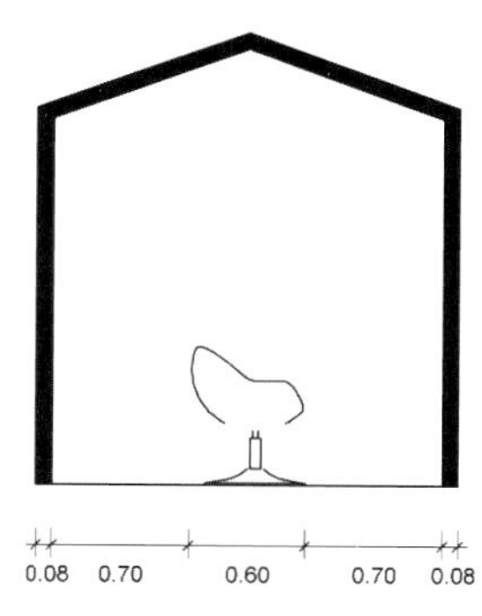
0.08 0.70 0.60 0.70 0.08

Tierra发廊

日本，东京

设计：Ryo Matsui Architects

摄影：T.Hiraga

Tierra发廊位于东京的中心区域，包括剪发区、洗发区、头发护理区、预约区和VIP区。客户希望在狭小的地下层创造一个宁静的空间。

在发廊里，镜子是不可缺少的。而这个发廊里的镜子的数量尤其多，在一般的空间中很少见。设计师们将镜子作为最主要的空间元素之一，创造了室外到室内的一个戏剧性的过渡。

设计师考虑在每一个空间运用镜子构成陈设以及建筑元素——镜子可以反射。顾客可以在镜子中看到自己的影像，可以看到空间中其他元素的影像，这些影像也成为空间另外一种元素。为了多角度了解整个空间，设计师们展开了深层次的研究，利用电脑技术设计出实体模型。每一个区域的草图都充分考虑到反光这一现象。关于照明设施，设计师们作了严谨的实验性计算，不仅是从审美视角，还是从照明效果，将照明设施的质量和数量都设计得非常合理。

墙体和天花由工匠手工刷上一层粗糙的石膏，与镜子无比的平滑和光泽形成鲜明的对比，并且突出了贯穿在空间的拱门。

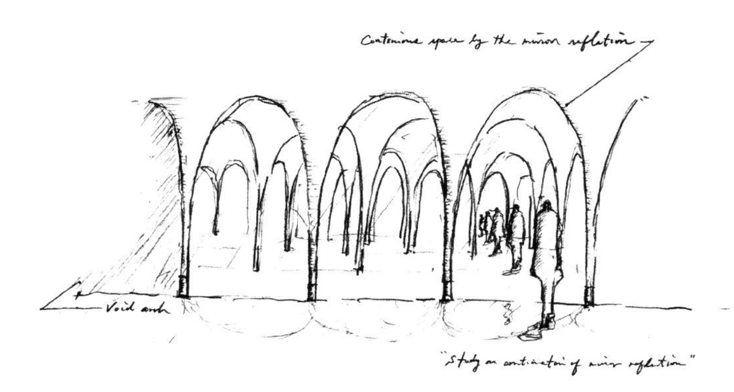
Continuous space by the mirror reflection
Void arch
"Study on continuation of mirror reflection"

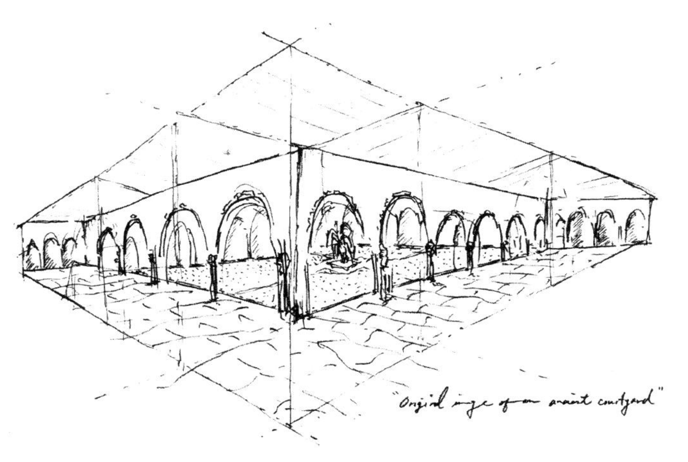
"Original image of an ancient courtyard"

在设计过程中，设计师对镜子产生的影像进行了广泛的研究，目的就是为了创造一种特别的氛围。

平面图

1. 入口
2. 衣帽间
3. 接待区
4. 干发区
5. 头发护理区
6. 私人隔室
7. 染色和烫发区
8. 洗发区
9. 造型区
10. 储藏室
11. 准备室
12. 洗手间

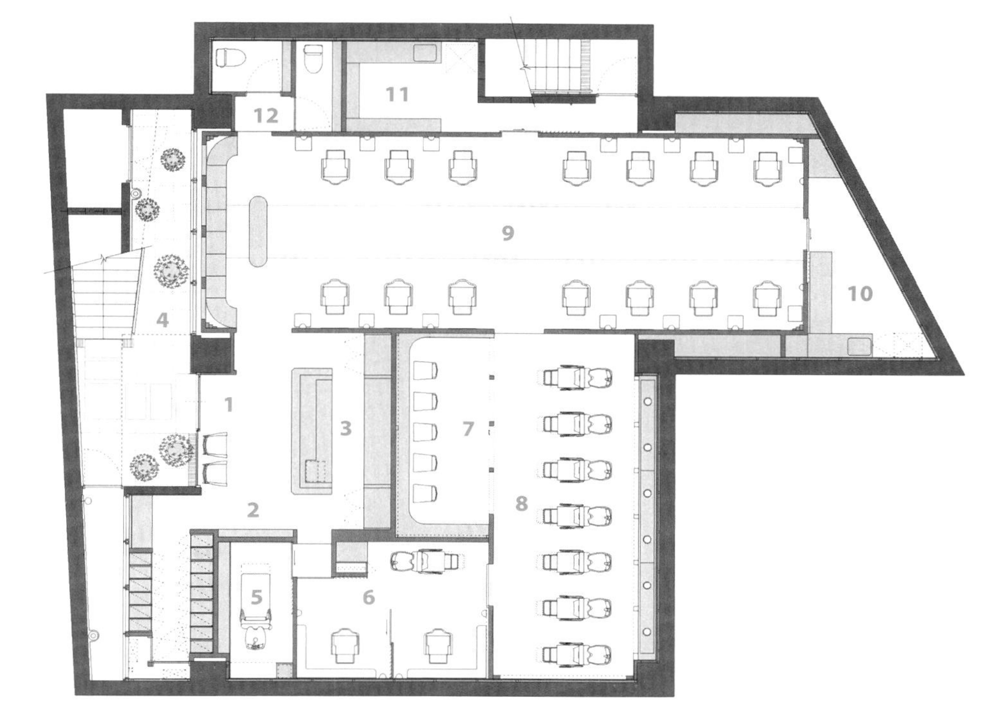

Mizu SPA

美国，加利福尼亚，旧金山

设计：Stanley Saitowitz/Natoma Architects Inc.

摄影：Cesar Rubio
总承包商：Samson Ng General Contractor Landmark Construction
机械：Joe Acosta of MHC Engineers
视听：Andy Chen

“Mizu”日语的意思是“水”。本案中，设计师创造了一种能让人联想起“小溪”的氛围。空间的中心区域是由石头构成的长方形“小岛”，岛的两边漂浮着白色的“护理驳船”。墙体由闪亮的网丝包裹着，不仅提供照明，而且模糊了空间的界限。地面和天花是黑色的。其他的全部都是白色的，符合SPA的宗旨——创造一个纯洁的空间，让顾客得到放松。

Mizu SPA是一个让人放松，恢复活力，改变形象的地方。护理主要包括面部护理、按摩、指甲护理。护理区域的中心位置是一个宝座，代表着顾客至高无上的地位。奢华的护理产品，柔软的点垫衬物让身体得到全方位的放松。白色的凳子看起来就像是小溪中的水泡。

公共护理区的后面是用于做脸部护理和按摩的私人区域。“小溪”仍然是这个区域的主题。例如，浴室的水槽下面有石头，流水就可以滴在它们上边。本案非常完美，颜色、质地、概念均表现到位，让顾客们能够暂时远离繁忙的城市生活，享受独一无二的放松体验。

水
MIZU
spa

Mizu
spa

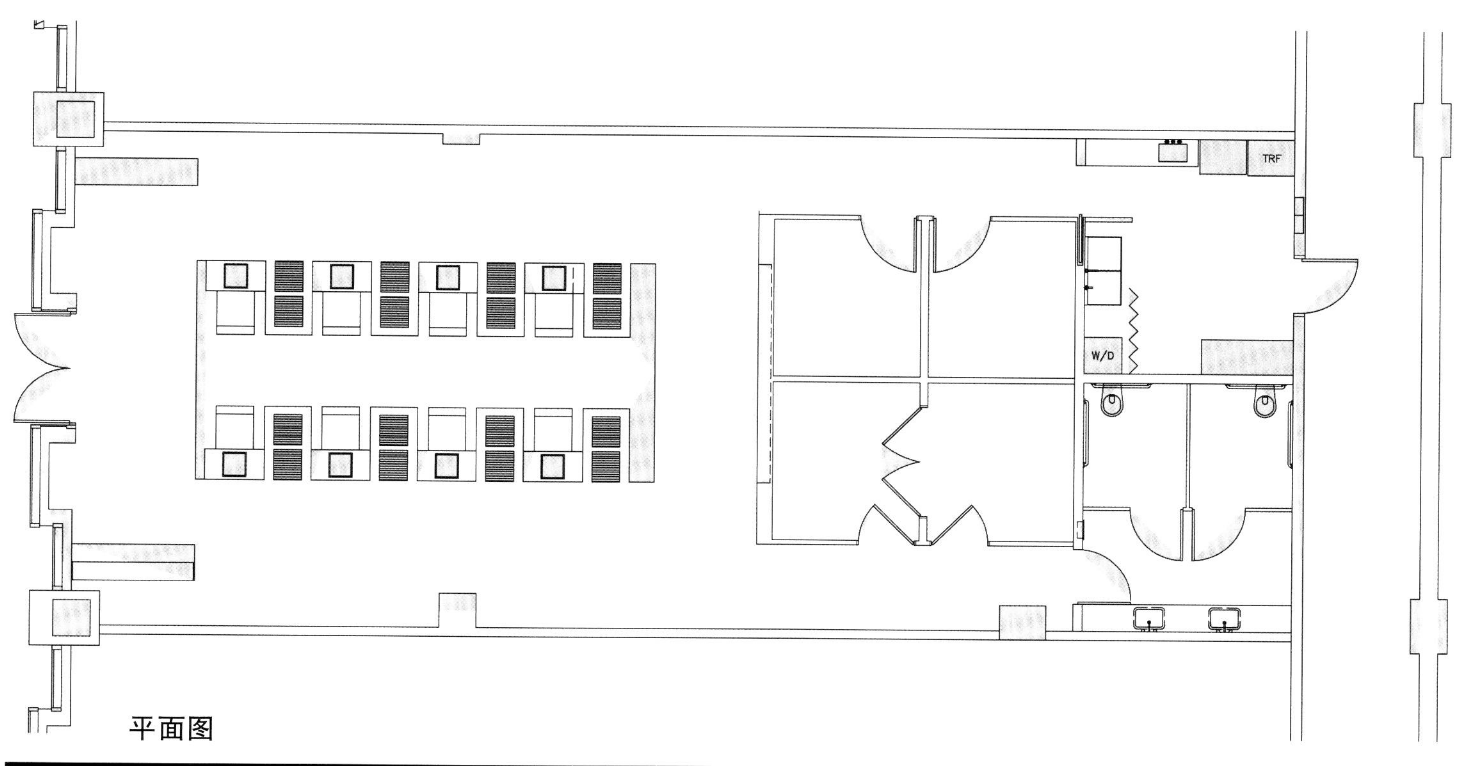

平面图

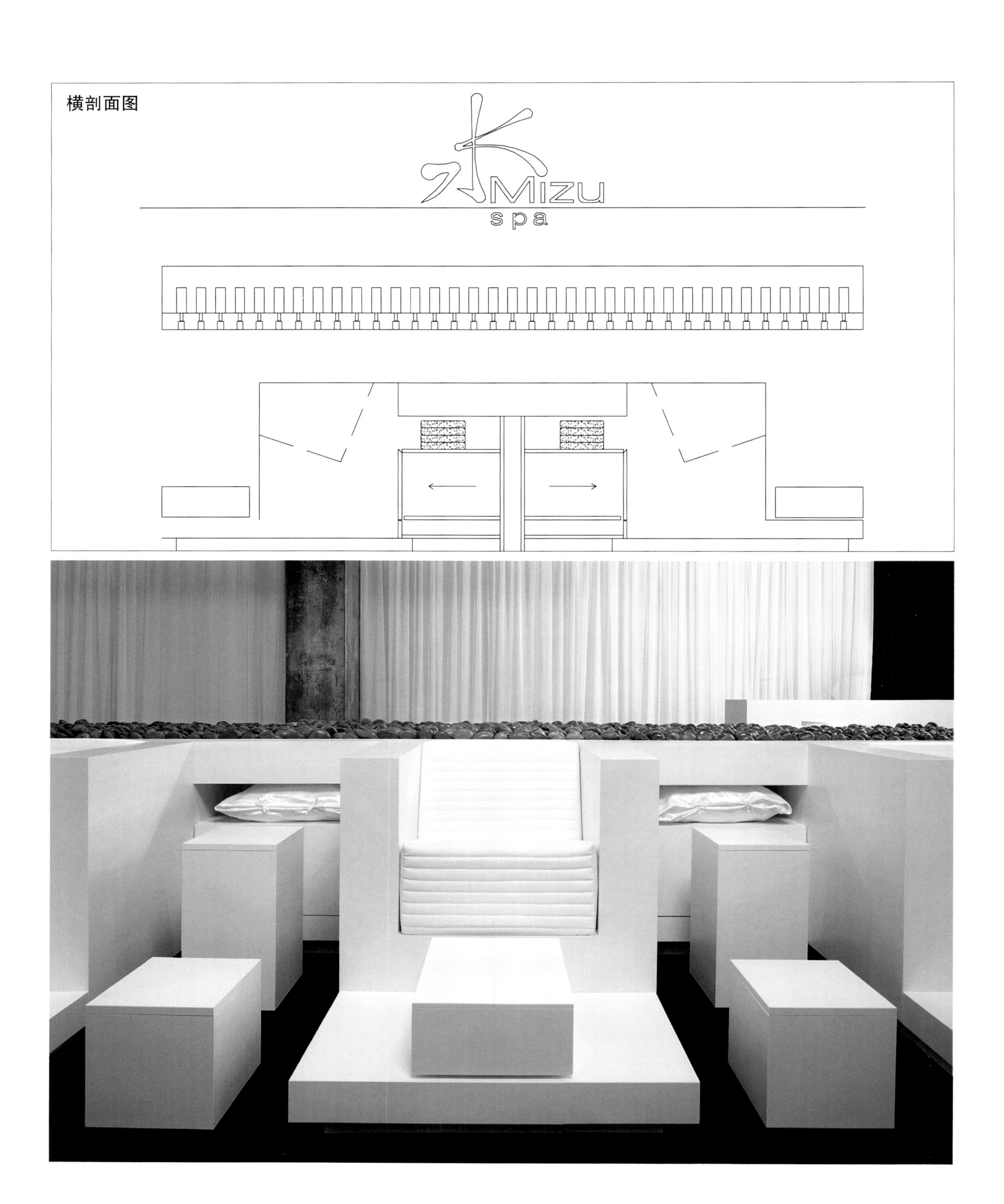
横剖面图
Mizu
spa

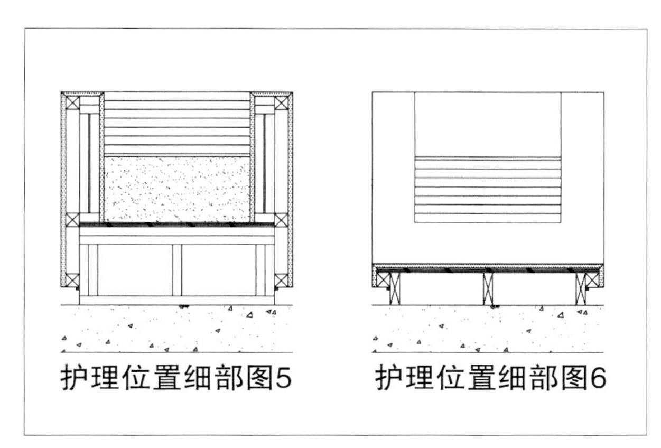

护理位置细部图5　护理位置细部图6

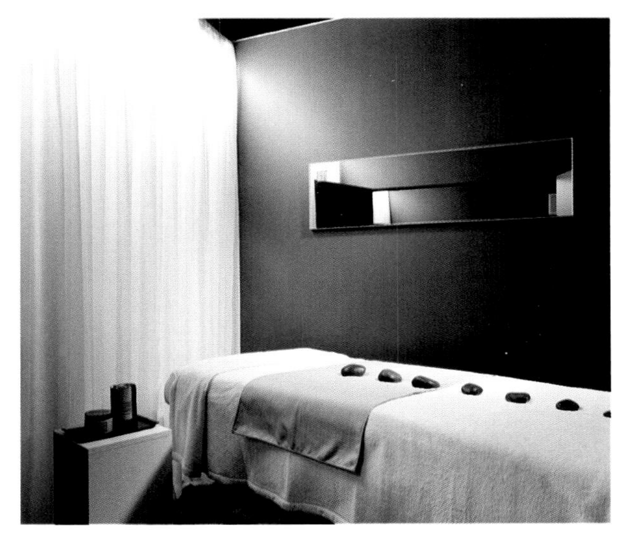

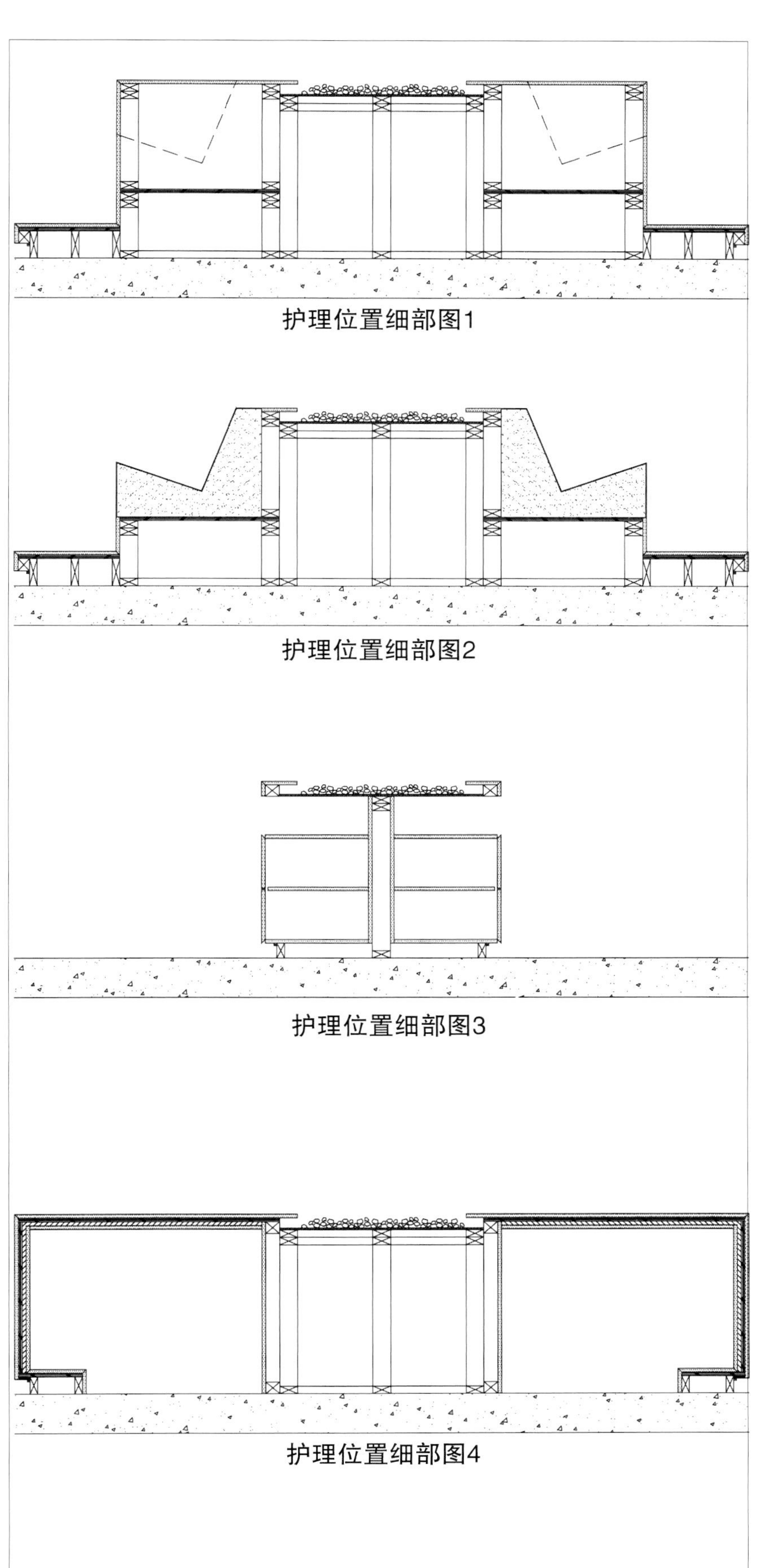

护理位置细部图1

护理位置细部图2

护理位置细部图3

护理位置细部图4

Ne美容院

日本，大阪

设计：Teruhiro Yanagihara

摄影：Takumi Ota

日本的沙龙公司"Less is More"发展很快，新开张的一家分店位于新加坡的莱佛士酒店。非常现代的陈设，宽阔的空间，一如既往地反应了年轻的日本造型师的精神。设计上进一步阐释了日本具有代表性的清爽风格。
整个空间呈冰川式结构，被分为接待区，剪发区和洗发区。在剪发区，大型的可绕轴旋转的镜子破墙而出。当这些镜子关闭的时候，整个空间就更为宽阔些，甚至可以举办各种活动和音乐会。在空间的尽头有一个木制的接待室，陈列了少量的艺术品，为当地的艺术家提供了一个小小的交流平台。
整个空间融入了几个有趣的对比，尤其是在颜色上——白色的冰川式结构和暖色的，质地感浓厚的木屋。石灰绿颜色的采用突出了拱门，无形之中传递了热带的氛围。本案注重多功能性，不仅是颜色上的对比，空间也可以被用于各种用途，氛围上既温暖又清爽，既现代又古朴，既国际化又具有当地特色。整个设计彰显了品牌理念——少就是多。

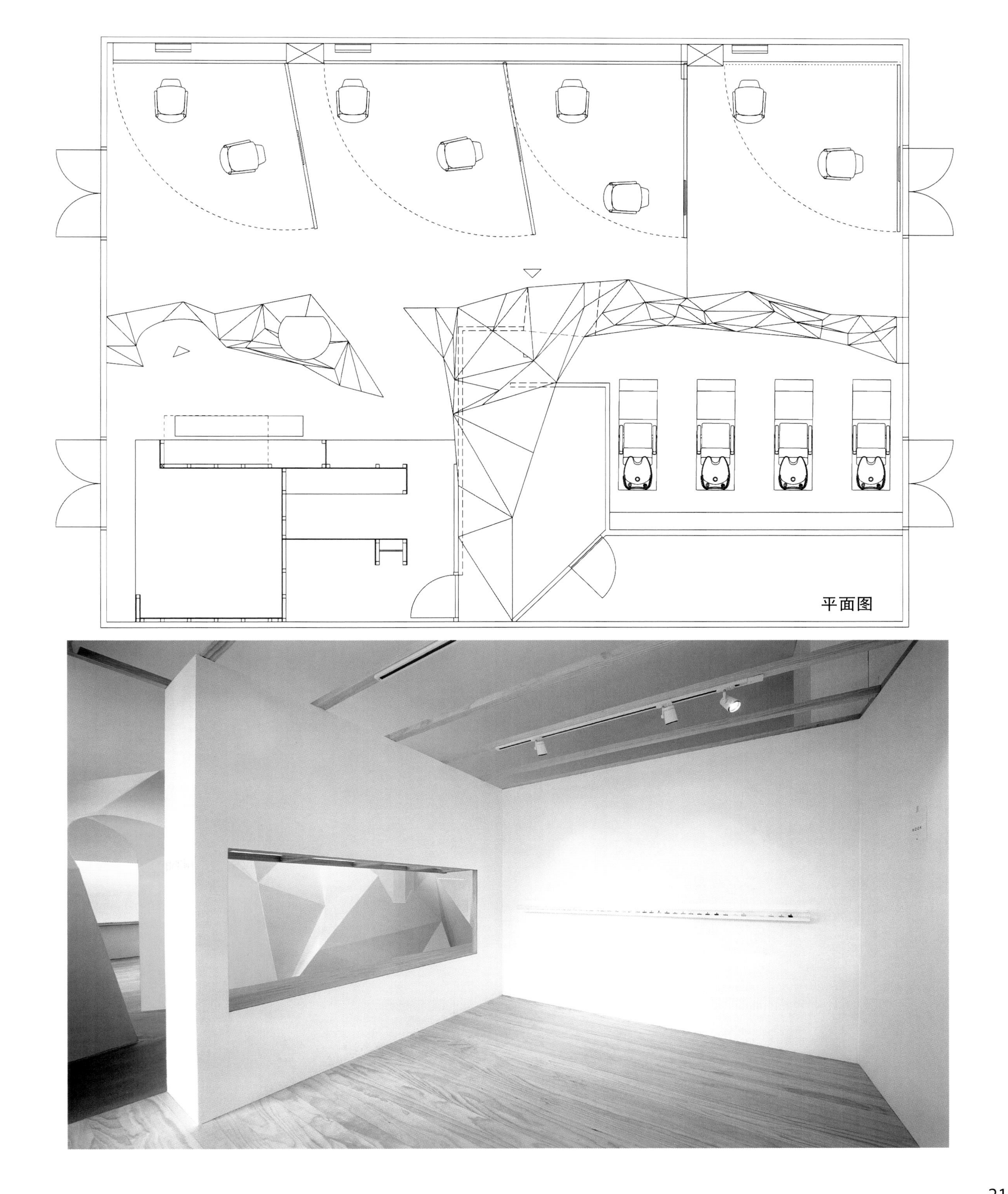
平面图

设计上进一步阐释了日本具有代表性的清爽风格。

Bartek Janusz发廊

波兰，Warszaw

设计单位：MOOMOO Architects

摄影：Malgorzata Pstragowska
设计师：Jakub Majewski, Lukasz Pastuszka
设计团队：Tomasz Bierzanowski, Zuzanna Gasior, Olya Kalosha
客户：Bartek Janusz
面积：65平方米

本案的设计基于一个简单的概念——在任何繁忙的发廊都可以发现的随意散落的头发构成的参差不齐的有角的形状。这种具有活力的图案创造了一个动态的室内空间。另外，发廊也有一个辅助功能，那就是展示年轻设计师的作品以及由著名的波兰设计师Gosia Baczynska精心挑选的衣服。零售区和美发区由一个幕墙分隔开，幕墙后面隐藏着一个试衣间。倾斜的墙体被水平切开，留下了一个展示美发产品的空间。细长的柱子上装有镜子，并且有内格，顾客和造型师都可以把东西放进去存放。镜子可以反射出空间的其他元素，创造了一个有趣的、动态的、创意的空间。等候区有意被设计在入口和窗户边，这样，顾客在等候的时候也可以欣赏到风景。

细长的柱子上装有镜子，并且有内格，顾客和造型师都可以把东西放进去存放。镜子可以反射出空间的其他元素，创造了一个有趣的、动态的、创意的空间。

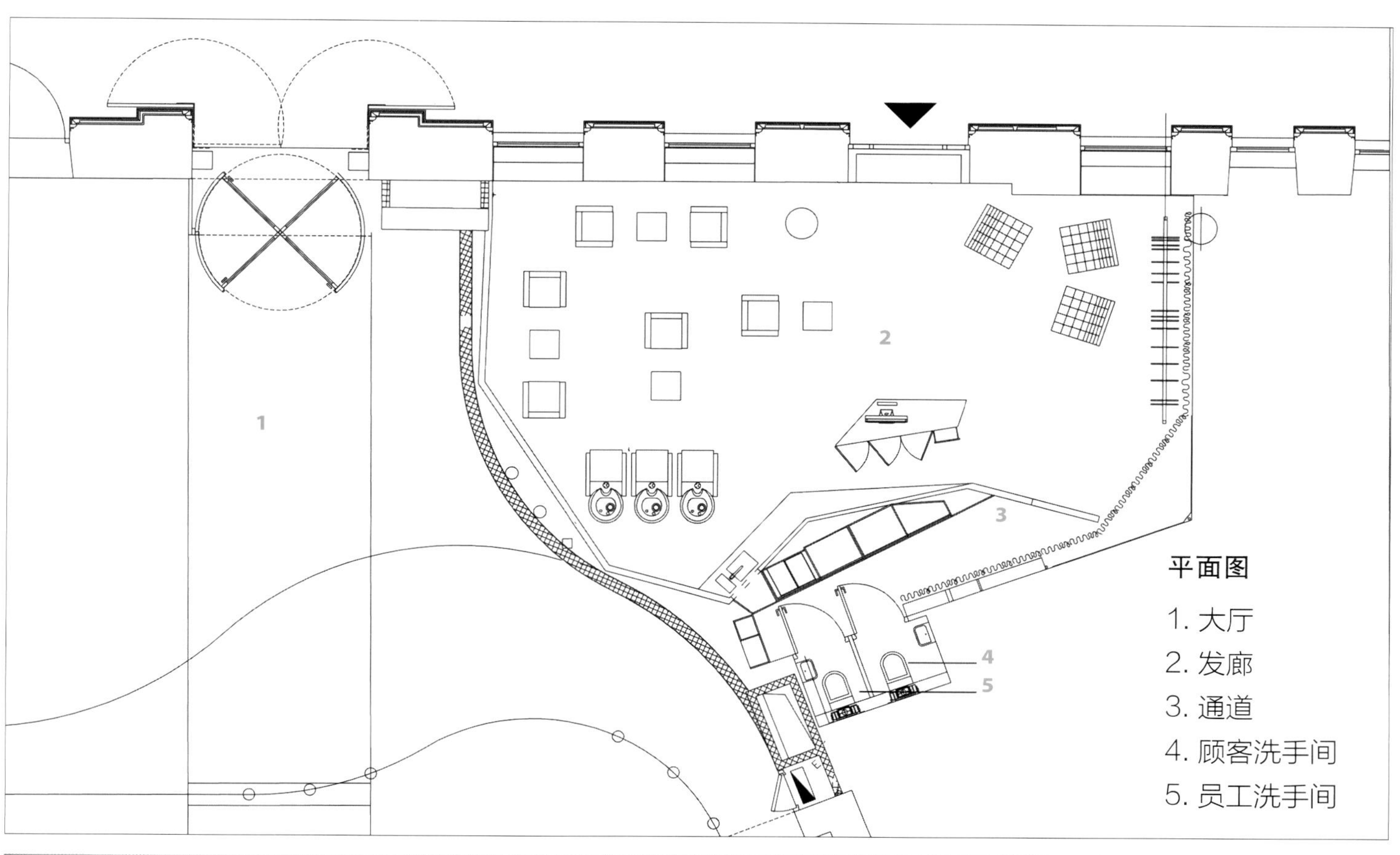
1
2
3
4
5
平面图
1. 大厅
2. 发廊
3. 通道
4. 顾客洗手间
5. 员工洗手间

另外，发廊也有一个辅助功能，那就是展示年轻设计师的作品以及由著名的波兰设计师Gosia Baczynska精心挑选的衣服。

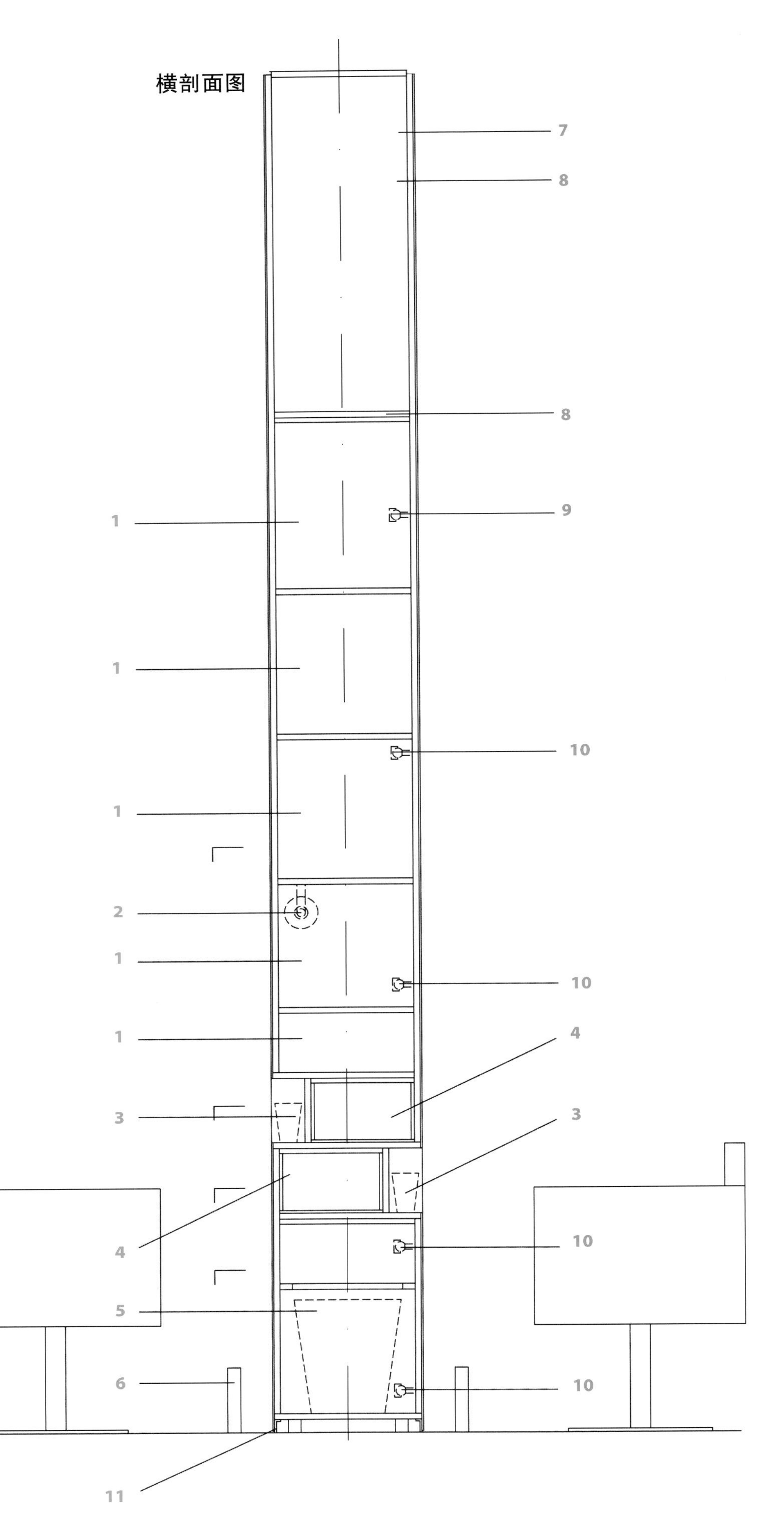

1. 储藏室
2. 纸巾处
3. 咖啡架子
4. 储物抽屉
5. 垃圾桶
6. 止滑围栏
7. 镜子嵌板
8. 嵌板
9. 隐藏的铰链
10. 隐藏的铰链
11. 铝制滑道

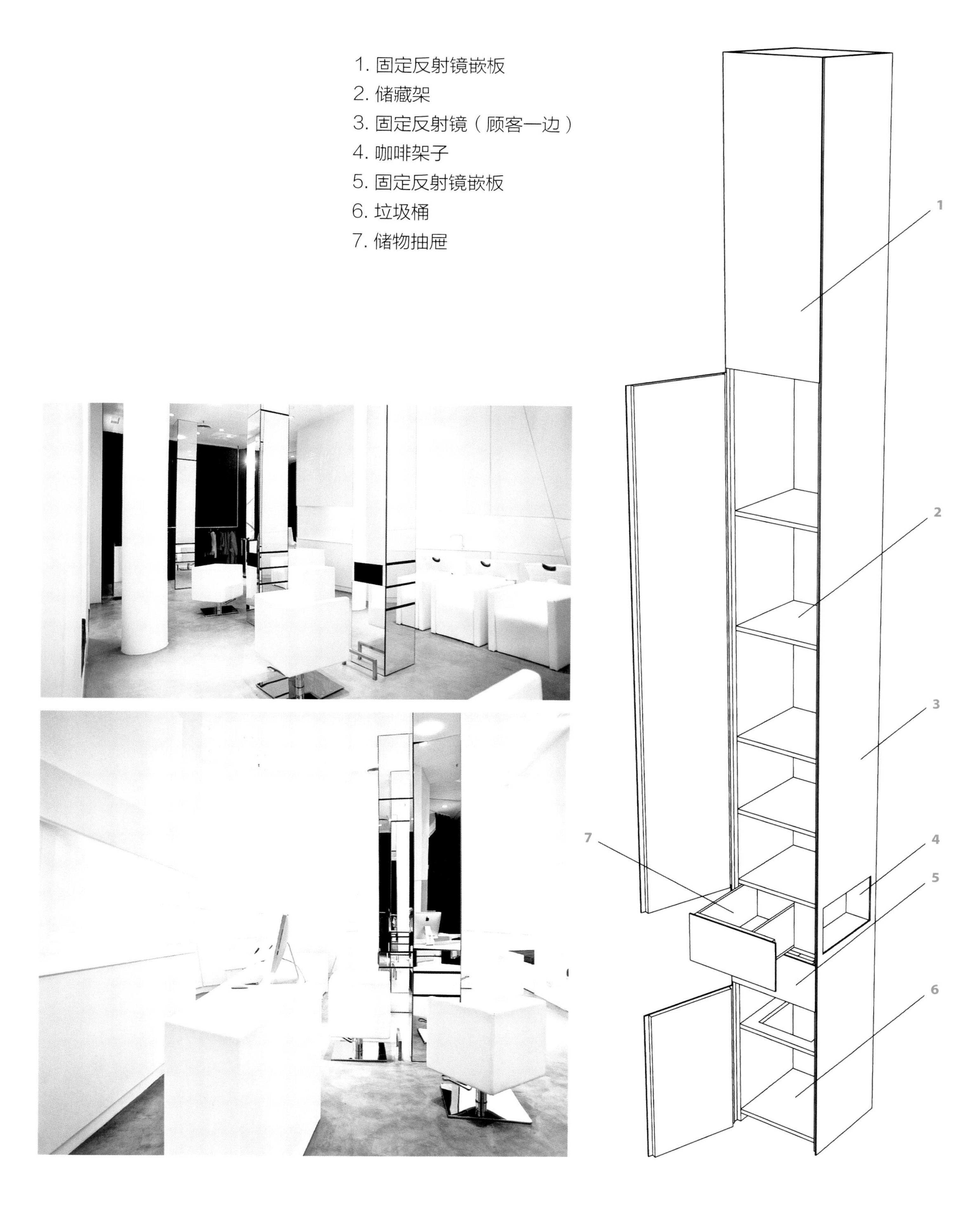
1. 固定反射镜嵌板
2. 储藏架
3. 固定反射镜（顾客一边）
4. 咖啡架子
5. 固定反射镜嵌板
6. 垃圾桶
7. 储物抽屉
1
2
3
4
5
6
7

Bad Aibling温泉浴场

德国，Bad Aibling

设计：Behnisch Architekten, Stuttgart,

摄影：Adam Mork and Torben Eskerod
客户：Stadtwerke Bad Aibling
面积：23 000平方米

Bad Aibling是一个位于慕尼黑东南方向60公里的小镇。新的温泉浴场包括养生区域和户外游泳池，旨在为当地的居民提供一个健康的聚会之地。

在本案设计初期，为了避免喧闹的、大型的浴池出现，计划建造一个个小空间。这样，这些空间就可以满足各种不同的需求，给顾客带来不同的心情，空间感受和沐浴体验。浴场周围的区域崎岖不平，时而缓慢地波浪起伏，时而出现陡坡，最高的地方可以达到6米。结果，户外的游泳池和建筑的屋顶处在同一个水平线上。在这个位置上，可以欣赏到当地有名的山脉风景。这种风景延伸至浴场室内，让浴场看起来像是从山脉里逃跑出来的石头。木制屋顶，光滑的表面，惹人注意的拱形结构突出了整个建筑的连贯性和一体性。

每一个圆顶屋都扮演着不同的角色。圆顶屋之间的空间用于顾客散步和休息。其中一个圆顶屋有大面积的水景，而另外一个圆顶屋的水就更为天然一些，并用高仿的芦苇进行装饰。在SPA圆顶屋内，顾客可以随着“魔法灯笼”发出的灯光和音乐而随意起舞。热水浴和冷水浴的圆顶屋是由透明的印花塑胶表玻璃覆盖的。热水浴池是红色的，冷水浴池是蓝色的。休闲的圆顶屋是黑色的，大量的活动图像被投影在天花上，让圆顶屋变成了一个“多功能的洞穴”。

养生区域提供额外的服务，和入口大厅和SPA区均相连。当顾客进入SPA，首先看到的是养生圆顶屋。设施被分布在四层，每一层有不同的主题。

首层是养生中心，包括浸浴、便鞋、浴盆等设施，另外也有健康的天然治疗物。在美容层，顾客可以得到一系列的美容护理，得到全身心的放松。圆形的窗户将室外的美景收纳到室内。“太阳画廊”层没有任何的陈设。在这里顾客可以享受到来自远东地区的各种护理。

温泉浴场同时也包括桑拿和户外浴池，所有的设施都是为了给顾客提供一个难以忘怀的经历。

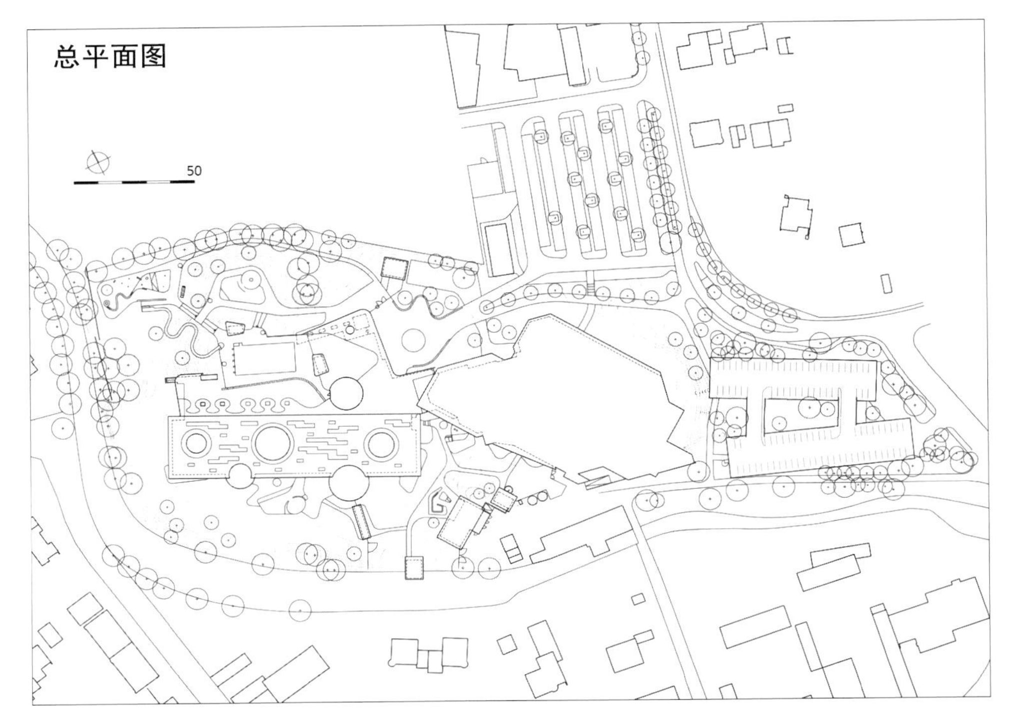
总平面图
50

横剖面图
10
20
纵剖面图

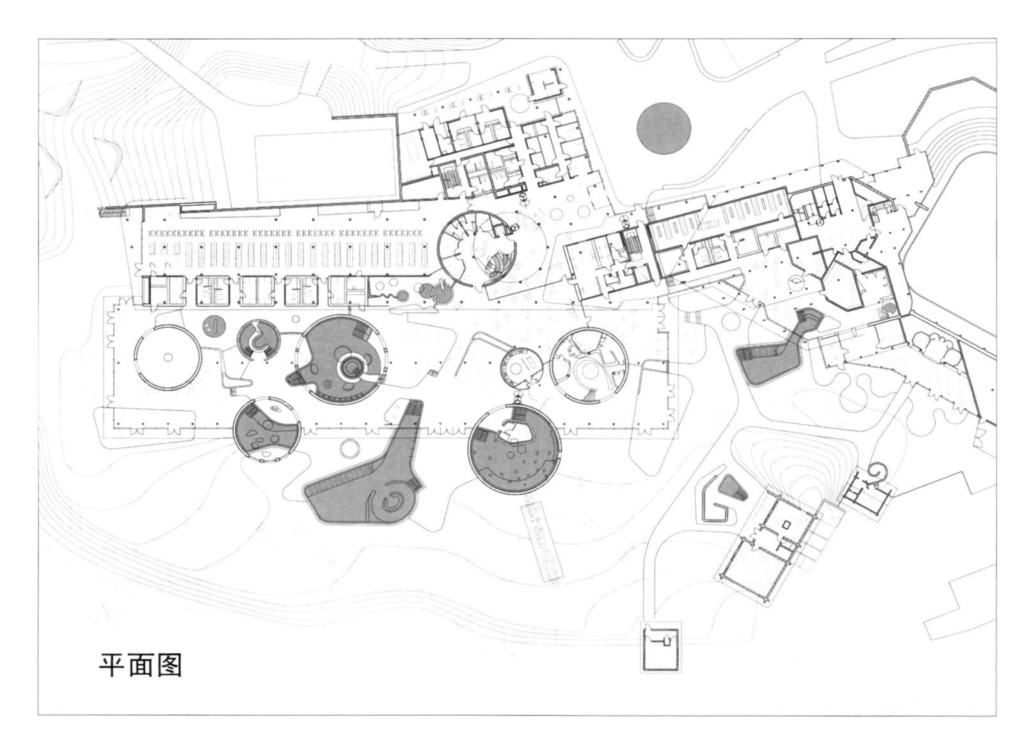
平面图